Akira Fujishima

Fujishima 박사의
광촉매의 모든 것

Photocatalysis
A to Z
by the leading expert

김종호 · 최병철 · 김건중 공역

문운당

머리말

토카이도-산요 고속전철(신칸센) 노조미호의 광촉매식 공기청정기, 나리타국제공항의 광촉매 텐트, 마루노우치빌딩의 광촉매 타일, 파나홈의 단독주택, 최근에는 닛코 도우쇼궁의 옻칠 프로젝트 또는 광촉매 모기포집기 등 세계에 자랑할 만한 일본발 청정기술로 광촉매는 정착하고 있다.

저자가 광촉매 연구를 시작한 「Honda-Fujishima효과」 발견이 1967년의 일로 2017년인 올해로 그 역사는 정확히 50년이 되었다.

당시 광촉매의 기본재료인 산화티탄(TiO_2)을 물 속에 넣어 빛을 쪼였더니 물이 분해되어 산소가스가 발생하는 현상을 우연히 발견한 것이 광촉매 연구의 시작이었다.

우리 인간에게 가장 중요한 반응이 「광합성」(식물 잎에 태양광을 쪼여주면 일어나는 반응)인데, 그 당시 「혹시 식물의 광합성에 해당하는 잎의 엽록소(클로로필) 역할을 산화티탄도 하는 것은 아닐까?」라는 생각이 번쩍 떠올랐다.

그 순간의 감동은 말로 표현할 수 없었다.

이 내용을 영국의 과학전문지 「Nature」에 「태양광으로 물이 산소와 수소로 분해」라는 내용을 발표하면서 운좋게 세계적으로 주목받게 되었다. 1974년 설날 「아사히신문」에 「태양에서 꿈의 연료」라는 1면 톱기사로 게재되기도 하였다.

그리고 세월이 흘러 2012년에는 「톰슨-로이타 인용영예상」(산화티탄의 광촉매반응 발견), 2017년에는 일본정부의 「문화훈장」을 받는 영광을 얻었다.

나는 항상 「중요한 것은 진짜이어야 하며, 누가 실시하더라도 효과를 재현할 수 있어야 하고, 자신감을 가지고 권할 수 있는 것만이 살아남을 수 있다. 이론뿐만 아니라 어떻게 일상생활에서 사용할 수 있는가가 중요하다」라는 생각으로 연구에 임하였다.

산화티탄을 이용한 인공광합성 연구는 현재도 세계적으로 진행되고 있지만, 나 자신은 빛이 조사된 산화티탄 표면에서 나타나는 독특한 특성, 즉 강한 「산화분해력」, 그리고 물방울과 친해지는 「초친수성효과」를 활용하는 내용으로 연구 분야를 확대하면서 지금에 이르고 있다.

2020년 Tokyo올림픽-패럴림픽에서 「환경입국」을 목표로 일본에서는 광촉매를 활용한 신상품 개발이 급속도로 진행되고 있다.

이 책을 발행하기 위하여 기본에서 최신 사례까지를 총망라하여 내 인생의 집대성이라는 각오로 임하였다.

집필에 있어 히시누마 미츠요 씨, Tokyo이과대학의 츠노다 카츠노리 씨, 스즈키 노리히로 씨, 이토 마키코 씨, 미야모토 타카시 씨, 키무라 마유코 씨, 테라지마 치아키 씨, 나카타 카즈야 씨, 카나가와현립산업기술종합연구소의 오치아이 쯔요시 씨, 다이아몬드출판사의 테라 요우지 씨에게 많은 도움을 받았다. 진심으로 감사드린다.

2017년 11월 길일

Akira Fujishima

목 차

제 2 장

지금 주택이나 고층빌딩에도 광촉매가 크게 주목받는 이유

제 3 장

제 4 장

제 5 장

제 6 장

제 1 장

왜 광촉매는 계속 확산되고 있는가?

1-1

광촉매의 확산

[1] 무한한 가능성을 깨닫기 시작한 사람들

우리 주변에서 광촉매를 이용한 제품이 많아지면서 광촉매가 일반인에게도 점점 알려지고 있다.

산화티탄이라는 물질에 빛을 쪼이면 일어나는 현상이 광촉매 반응이며, 광촉매에는 강한 **산화분해력**과 **초친수성**이라는 두 가지 특별한 성질이 있다(그림 1-1).

광촉매는 그림 1-2와 같은 중요한 작용을 하기 때문에 응용범위가 매우 넓어 주변의 여러 분야에서 사용되기 시작하고 있다.

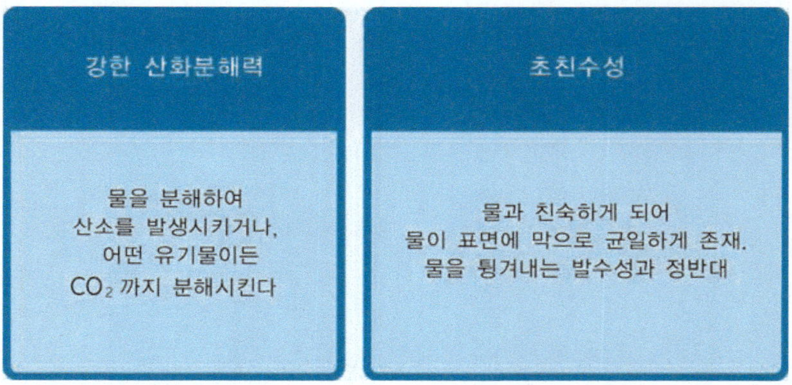

그림 1-1 광촉매의 2대 성질

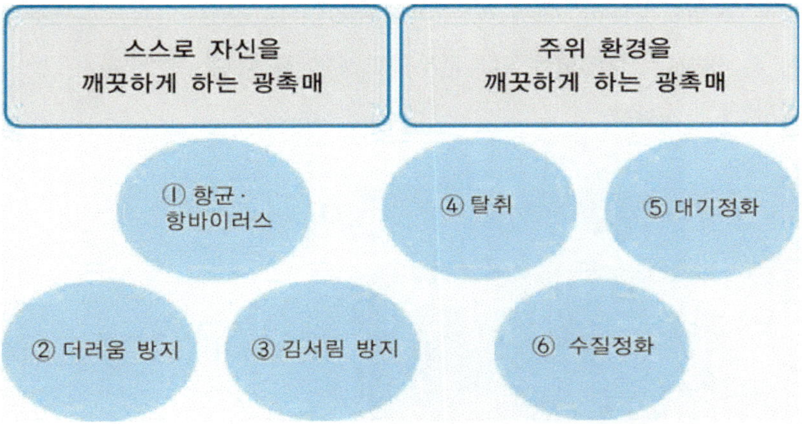

그림 1-2 광촉매의 주요 특징

광촉매 기술은 지난 10년간 비약적으로 실용화가 진행되었다. 제4장에서 「광촉매의 6대 기능과 일상에서 많이 사용되는 제품」이라는 제목으로 지금까지 보급되어 온 분야를 소개하고자 한다.

그러나 **광촉매 반응**은 식물의 **광합성**과 비슷한 본질적, 기본적인 반응이므로 적용분야는 「6대 기능」에 그치지 않고 어떤 의미로는 무한한 가능성을 내포하고 있다.

이런 상황에서 어떻게 하면 시대의 요청에 부응할 수 있을지, 또는 한발 앞서서 지속가능한 미래사회에 공헌하는 성과를 만들 수 있을지가 지금부터의 광촉매 연구의 중요한 과제가 될 것이다. 이를 위하여 다양한 시도가 시작되고 있는 시점이므로 먼저 최신 광촉매의 응용분야를 살펴보도록 하자.

[2] 광촉매국제연구센터가 연구거점으로

이러한 응용 연구를 지원하기 위해서는 기초과학으로 광촉매 반응을 탐구하는 광촉매 과학(photocatalytic science)을 구축해 나가는 것이 중요하다.

Tokyo이과대학(Tokyo University of Science)은 2013년 일본경제산업성의 지원으로 노다캠퍼스에 「**광촉매국제연구센터**(Photocatalysis International Research Center)」를 개설하였다(그림 1-3). 본 센터 건물의 설계시공을 Takenaka

공무점에 의뢰하였으며, 제20회 치바현건축문화상(2013년)을 수상하였다.

또한 본 센터는 2015년에 일본문부과학성의 공동이용·공동연구거점으로 선정되었다(그림 1-4).

그림 1-3 Tokyo이과대학 광촉매국제연구센터 (노다캠퍼스 내)

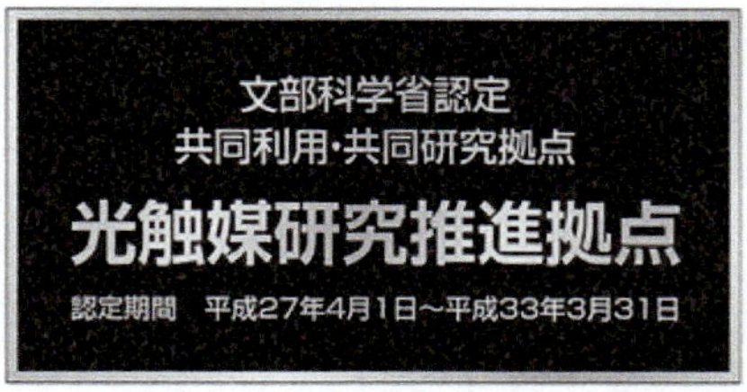

그림 1-4 일본문부과학성 공동이용·공동연구거점

광촉매는 일본이 세계를 선도하고 있으므로 본 센터가 국내·외의 지식을 집결시키는 세계적인 광촉매의 연구거점이 되리라 기대하고 있다. 그리고 기초과학과 응용 연구의 가교 역할을 하는 성공적인 모델로 전세계에 정보를 발신하여, 다른 분야의 연구자들과도 활발한 교류가 이루어지길 희망하고 있다.

[3] 항곰팡이 효과를 이용한「닛코 도우쇼궁·옻칠 프로젝트」

2017년 3월, 닛코 도우쇼궁의 요메이문 수리가 마무리되었는데 닛코 도우쇼궁은 약 400년 전에 지어진 목조 건물로 에도시대의 예술을 잘 보여주는 세계문화유산이다(그림 1-5).

닛코는 겨울에는 눈, 여름에는 비가 많이 내려 건물이나 조각이 쉽게 손상을 받기 때문에 깨끗한 상태를 유지하려면 손질을 잘 하여야 하고 자주 수리할 필요가 있다.

특히 조각이 장식된 건물의 표면은 에도시대와 같은 방법으로 여러 번 옻칠하고, 천연 광물질물감 등으로 채색하는 전통기술이 계승되어 왔다.

이러한 노력에도 불구하고 옻칠한 건물의 표면을 살펴보면 그림 1-6처럼 곰팡이가 발생한 부분이 다수 관찰되었다.

출처 : 닛코전당안내협동조합 HP

그림 1-5 닛코 도우쇼궁의 요메이문

그림 1-6 닛코 도우쇼궁의 곰팡이가 피어 있는 장식

세계문화유산을 오래도록 미래에 전해주기 위한 문화재 보존의 어떤 새로운 방법은 없을까? 그러한 시도에서 광촉매의 **항곰팡이 효과**를 활용한 문화재 보호라는 새로운 적용 분야의 개척이 시작되었다.

우선 실제로 닛코 도우쇼궁 건물의 옻칠 표면에 발생하는 곰팡이를 채취하여 실험실에서 곰팡이의 종류를 판별하는 작업부터 시작하였다.

지금까지의 연구에서 곰팡이의 종류에 따라 광촉매에 의한 사멸속도가 다르다는 것을 알고 있기 때문이다. 이번 연구를 진행한 Tokyo이과대학 T. Suzuki 연구실에서는 배양과 유전자해석 등을 통하여 장식을 검게 변색시켰을 가능성이 있는 곰팡이 종류를 확인하였다(그림 1-7).

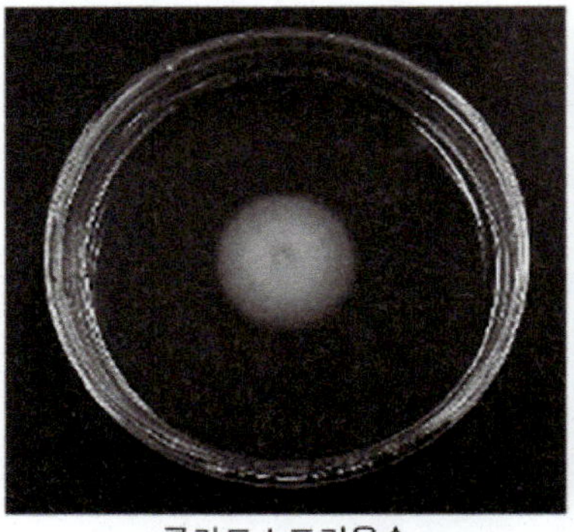

클라도스포리움속

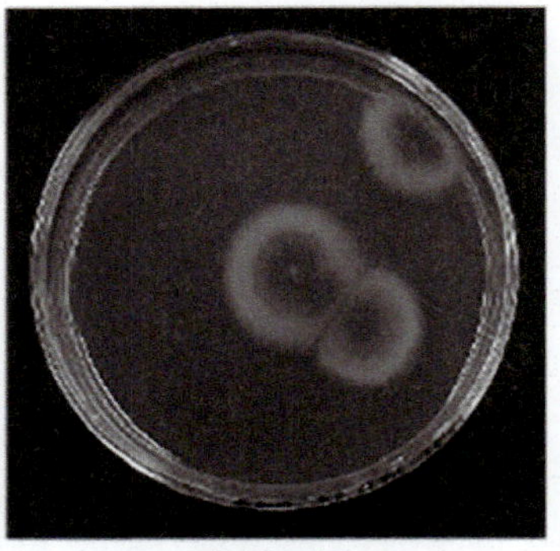

페니실리움

그림 1-7 장식을 검게 변색시킬 가능성이 있는 곰팡이 종류

앞으로 이러한 배양균주에 광촉매를 작용시켜 효과적인 곰팡이 방지법을 찾을 수 있으리라 기대하고 있다.

일본의 많은 신사의 관리자 이야기를 종합하여 보면, 많은 신사에서 **곰팡이 문제**가 심각하다고 한다.

광촉매에 의한 문화재 보호를 실현하려면 옻칠한 나무 표면 위에 광촉매를 코팅하는 기술을 확립하여야 한다.

옻은 **우루시올(urushiol)**을 주성분으로 하는 천연 수지도료이며, 밀착성이 높고 내수성이 뛰어나며 산이나 알칼리에도 강하다는 점 때문에 예로부터 도료로 많이 사용되었다.

옻의 주성분인 **우루시올**의 화학구조(그림 1-8)는 1918년 일본의 유기화학의 아버지라 불리는 R. Maijima 박사에 의해 세계에서 처음으로 확인되었다.

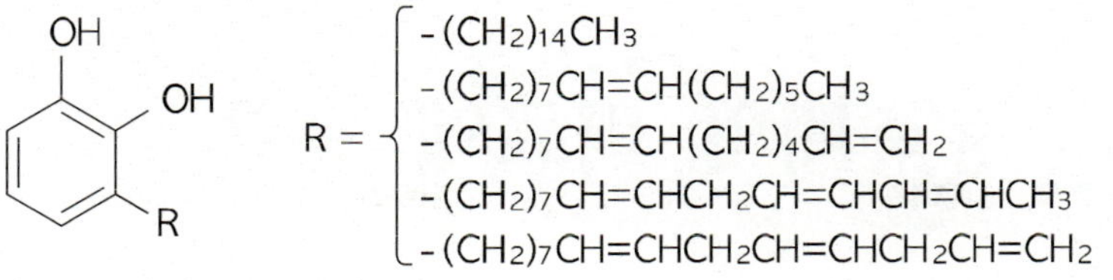

그림 1-8 우루시올의 화학구조

일본화학회는 **우루시올**의 구조결정의 마지막 단계에서 사용한 오존발생기 등을 화학유산으로 등재하였다.

[4] 일본 유래 칠기도

옻칠 도막은 특유의 우아한 미관으로 일본 각지에서 전통공예로 옻칠 고급식기나 가구, 악기 등이 만들어지고 있다. 칠기는 서양에서는 「Japan」으로 불릴 정도로 일본 유래 공예품으로 인식되기도 한다.

천연도료로서 뛰어난 성질을 지닌 옻칠이지만, 옻칠 막에 곰팡이 부착 외에 **자외선에 의한 변색**이라는 문제점도 있는 것으로 밝혀졌다.

이러한 문제점을 해결하기 위하여 옻칠 위에 **투명한 광촉매 박막**을 코팅하는 기술을 개발 중이다.

미래에는 광촉매 효과에 의한 문화재의 보호와 동시에 광촉매를 코팅하여 부가가치를 높인 일본 유래 칠기의 탄생도 기대해 본다.

1-2

광촉매의 의료에 응용

[1] 연간 수백 곳 수술실에 활용

항균타일은 빠른 시기에 실용화된 광촉매 제품이지만, 병원 전용으로 특화된 대형 세라믹패널이 개발되어 그림 1-9와 같이 수술실 벽 등에 적용이 확대되고 있다.

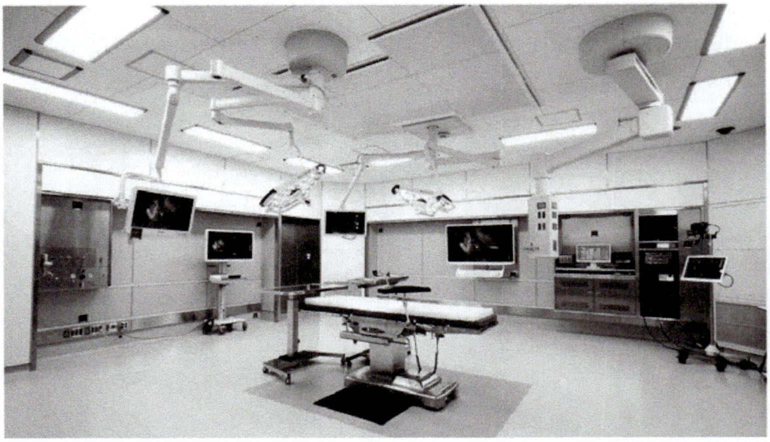

출처 : Miwa의료전기(주)

그림 1-9 벽에 광촉매 타일을 사용한 수술실

이러한 대형 광촉매 타일을 **수술실** 벽에 적용한 사례는 연간 수백 곳에 달한다.

항균·항바이러스 효과의 지속과 더불어 긁힘이나 더러움에 강하고, 각종 소독약을 사용하여도 퇴색 열화에 강하다. 패널의 대형화로 벽면의 이음새를 줄일 수 있게 되어 병원관계자로부터 세균 부착 부분이 크게 줄었다고 호평을 받고 있다.

앞으로는 수술실뿐만 아니라 중환자실을 비롯하여 감염방지가 요구되는 병원의 여러 영역에 사용되리라 기대된다.

의학영역에서는 초친수성을 활용한 마찰계수가 작은 카테테르(catheter), 주사기, 내시경카메라의 김서림 방지렌즈 등에 응용 연구도 진행되고 있다. 또한 살균효과를 응용한 카테테르에 적용도 기대되고 있다. **김서림 방지 기능**은 유리나 렌즈의 김서림 정도를 정량적, 객관적으로 평가할 수 있는 장치가 개발되어 응용 연구를 추진할 수 있는 환경이 마련되었다.

그림 1-10과 같은 **김서림 방지 성능평가장치**는 투과성재료나 거울의 김서림 모습을 영상으로 하여, 명암이나 윤곽, 압축 중 하나의 방법으로 해석하여 김서림 정도를 수치화한다.

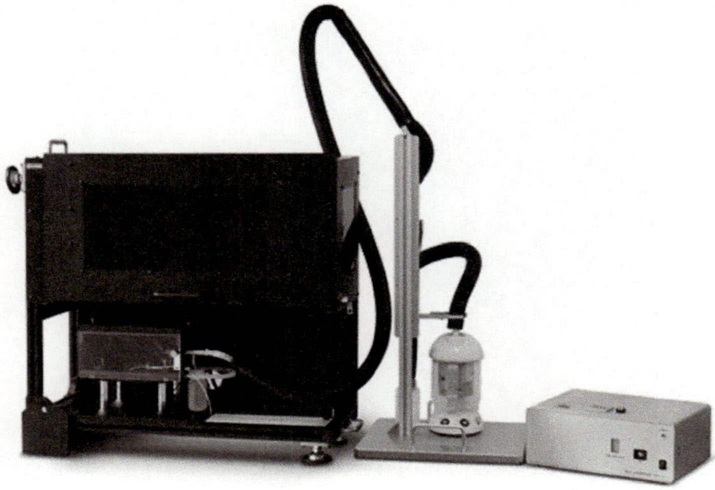

출처 : Kyowa계면화학(주) HP

그림 1-10 김서림 방지 성능평가장치

재료 표면의 온도나 습도를 조절하면서 초발수에서 초친수까지 정량적으로 평가하고 실시간으로 김서림 상태를 파악할 수 있는 뛰어난 장치이다. Kyowa계면화학(주)와 우리가 공동으로 개발한 장치로 광촉매 제품을 개발 중인 여러 기업으로부터 높은 평가를 받고 있다.

[2] 암이나 「수족구병」에도 유효

광촉매는 **세균**이나 **바이러스**를 사멸시킬 뿐만 아니라 그 잔재까지 분해하는 힘도 가지고 있어 **암세포**에 대해서도 같은 효과를 발휘하는 것이 확인되고 있다. 그림 1-11은 우리가 수행한 전형적 **발암세포(히라세포)**에 대한 광촉매의 세포사멸효과를 보여주는 사례이다.

그림 1-11 전형적인 발암세포(히라세포)에 대한 광촉매의 세포사멸효과

지금까지 이상으로 광촉매를 활용한 암의 광화학요법을 개발하고 싶다는 생각이 있다.

또한 앞으로는 「예방이 바로 최대의 치료」의 시대가 될 것으로 알려져 있다. 예를 들면 유아를 중심으로 여름철 유행하는 질병의 하나로 「**수족구병**」이 있다. 엔테로바이러스 등이 원인 감염증으로 그림 1-12와 같이 입 안이나 손, 발에 나타나는 발진이 주요 증상이지만 드물게 뇌막염 등 합병증을 일으키기도 한다.

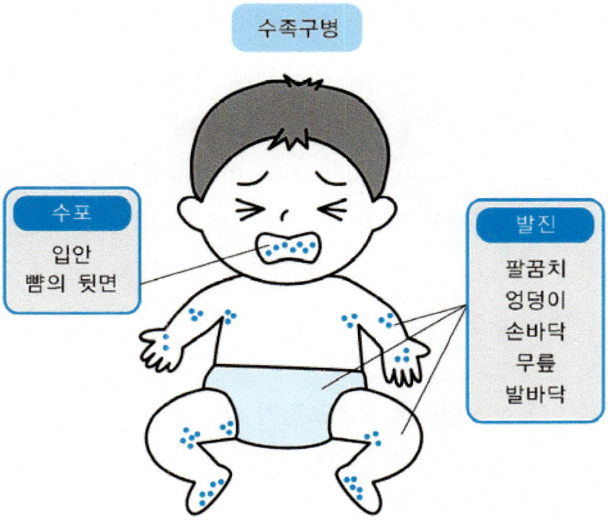

그림 1-12 「수족구병」 발병 부위

수족구병은 재채기의 침방울이나 대변을 통해 전염되기 때문에 어린이집 등에서 집단감염을 일으키기 쉬운 질병이다. 예방으로는 손씻기가 기본이지만, 유아 주변에 있는 장난감이나 그림책, 타올 등을 광촉매로 코팅하면 예방효과가 있으리라 기대하고 있다. 중국 남경 동남대학의 젊은 Z. Gu 교수는 저자가 Tokyo대학 교수 시절 학생으로 지금은 중국 바이오계의 연구원으로 활약하고 있는데 중국에서도 수족구병은 큰 문제이기에 공동으로 대책을 검토하자고 논의하는 중이다.

구체적으로 하나의 전염병을 대상으로 효과적인 광촉매 예방법을 확립한다면 결국에는 다른 전염병에도 응용 가능한 연구 결과가 얻어지리라 생각하고 있다.

[3] 세계 최초 식중독 예방과 「광촉매 모기포집기」

식중독의 원인이 되는 세균 중에는 가열이나 소독으로는 사멸되지 않는 강한 내성을 갖는 것이 있다.

이것은 세균이 기아상태가 되면 균의 가장 바깥쪽에 아포라는 두꺼운 단백질의 껍질을 만들기 때문이라고 알려져 있다(그림 1-13).

최근 Tokyo이과대학의 K. Nakata 교수팀의 연구에서 아포포자를 형성한 세균을 광촉매에 의해 불활성화(감염할 수 없는 상태)하는데 세계 최초로 성공하였다.

또한 광촉매를 이용한 「**광촉매 모기포집기**」의 시작품 개발도 진행하고 있다.

광촉매작용으로 발생한 이산화탄소로 모기를 유인한 후 모인 모기를 팬의 흡입력으로 잡는 간단한 구조이다(그림 1-14).

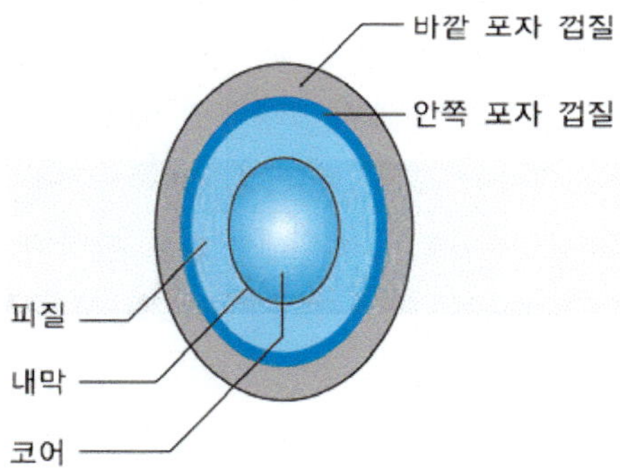

그림 1-13 아포포자 구조

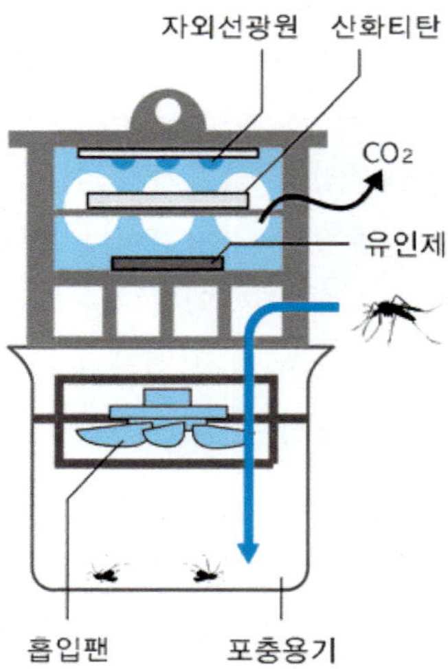

그림 1-14 광촉매 모기포집기

향후 일본 국내에서의 활용뿐만 아니라 모기가 매개역할을 하는 말라리아 등의 전염병으로 어려움을 겪고 있는 아프리카나 동남아시아 국가에 설치되길 기대하고 있다.

최근 일본에서도 **뎅기열**에 감염된 모기가 걱정이다. **뎅기열**이나 **말라리아** 등

모기 전염을 매개하는 것은 흡혈모기(암컷)이다. 흡혈모기를 유인하는 방법으로 ① 탄산가스, ② 냄새(젖산 등 유인물질), ③ 따뜻한 온도, ④ 색상 등이 알려져 있다.

산화티탄과 **자외선**을 이용한 모기포집기로는 산화티탄에 부착한 오염물질 등을 광촉매 효과(**산화분해력**)에 의해 탄산가스로 분해하여 자외선과의 시너지효과로 모기를 모아 흡입하는 방식의 모기포집기가 이미 시판되고 있다.

그러나 발생하는 탄산가스의 양이 매우 적기 때문에 생각만큼 효과가 없다는 것이 문제이다. 또한 탄산가스 탱크를 이용한 모기포집기도 시판되고 있지만, 탄산가스 탱크 교환이 불편할 뿐만 아니라 탱크가 무거워 이동도 곤란하다는 문제점이 있다.

Tokyo이과대학 연구그룹에서는 유기가스의 높은 분해효율을 갖는 산화티탄 **광촉매 시트**를 적용하여 위의 4가지 유인요인을 효과적으로 활용한 모기포집기를 개발하였다. 새롭게 개발한 산화티탄 광촉매 시트를 모기포집기에 적용하므로써 유기가스의 분해효율 즉 탄산가스의 발생효율을 높여 시판 제품에 비해 모기 포집효율을 높이는데 성공하였다.

[4] 예방이 최대의 치료! 미백이나 임플란트에 응용

그림 1-15 처럼 치과영역에 있어서도 광촉매 적용은 오랫동안 시도되어 왔다.

하나는 **미백**(산화티탄 망 + 청색 LED)으로 치아를 하얗게 하기 위한 노력이다.

또한 **임플란트(인공치근)**나 **틀니세정제** 또는 틀니 그 자체에 응용하는 것도 검토되고 있다.

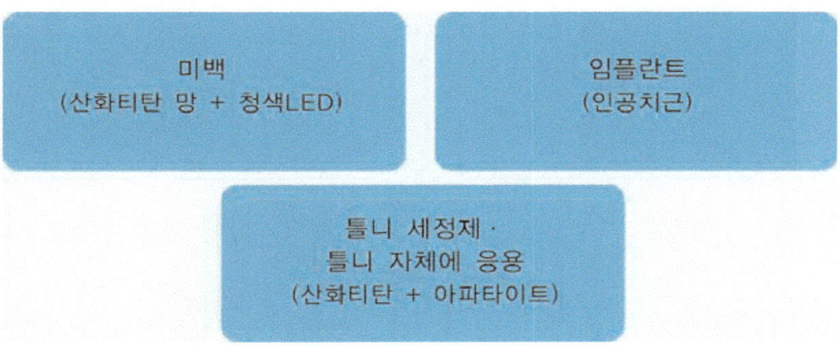

그림 1-15 치과 영역에 광촉매 적용 예

치과 영역에서 **아파타이트**는 인공 뼈와 임플란트 등으로 친숙한 재료이며 세균이나 단백질을 흡착하는 성질이 있다고 알려져 있다. 그래서 아파타이트, 산화티탄, 불소를 복합화하여 틀니 사용 시 흡착된 세균이나 단백질을 취침시간에 광촉매로 분해하는 틀니 개발도 이루어지고 있다.

구강관리는 폐렴 등의 감염 예방에 도움이 된다. 여기에 광촉매를 활용하여 구강케어의 효과를 더욱 높이는 것은「예방이 바로 최대의 치료」시대의 요구에 부합하는 노력이 아닐까 싶다.

광촉매의 의료 응용연구회를 만들어 10년 넘게 Tokyo이과대학의 교수들 외에 종합남동북병원 K. Seto 선생, 츠루미대학 치대의 N. Hanada 교수, 카나가와대학 치대의 K. Kimoto 교수, 바이오메디컬사이언스연구회 (BMSA)의 S. Sejima 이사장, 유빅스(주)의 Y. Morito 회장, N. Nakamura 사장, 카나가와현립산업기술종합연구소의 T. Ochiai 씨를 비롯한 여러분들과 토론을 계속하고 있다.

1-3 광촉매의 농업·바이오 분야에의 응용

[1] 농작물 재배의 효율화 및 비용절감

광촉매를 차세대농업에 활용하려는 노력도 시작되었다.

Tokyo이과대학의 **광촉매국제연구센터** 건물 내에 식물공장의 모델을 만들고, 다양한 광촉매 기술을 적용하여 약초 등 부가가치가 높은 식물의 재배를 시도하고 있다.

Tokyo이과대학은 약학 및 바이오계 학부가 충실하기 때문에 학부간 연계연구를 통하여 Tokyo이과대학만의 좋은 성과를 달성하고 싶은 생각이 있다. 그림 1-16은 **토마토** 모종을 심은 직후의 모습, 그림 1-17은 성장 후 모습이다.

그림 1-16 식물공장① 토마토 모종을 심은 곳

그림 1-17 식물공장② 토마토가 성장한 모습

하나의 성과로 광촉매를 이용하면 종자의 발아율이 향상하는 것을 K. Nakata교수가 중심이 되어 확인하였다(그림 1-18).

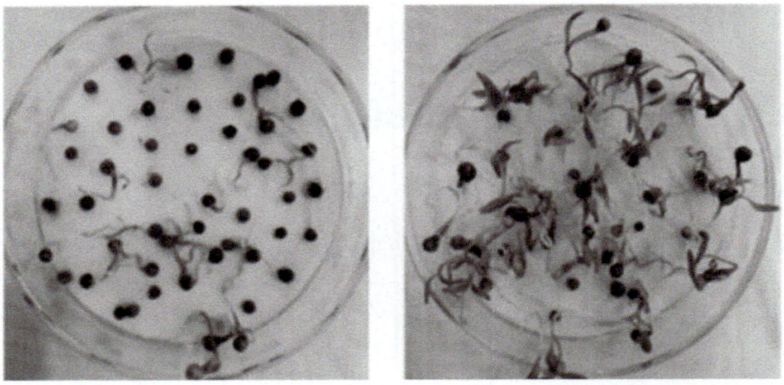

광촉매 미처리 종자 광촉매 처리 후 종자

그림 1-18 종자 발아 상태 비교

산화티탄 광촉매판에 씨앗을 뿌리고 자외선을 조사하는 간단한 작업이지만, 광촉매반응에 의해 발생하는 활성산소가 씨앗을 자극하여 발아율이 향상되는 것으로 생각하고 있으며 현재 정확한 메커니즘을 해석 중이다.

약초 등 일부 작물의 낮은 발아율이 문제가 되고 있기에 광촉매로 발아율을 향상시킬 수 있다면, 농작물 재배의 효율화와 비용절감으로 이어지리라 기대된다. 광촉매국제연구센터의 식물공장에서도 C. Terashima 교수를 중심으로 약초의 시험재배를 실시하여 실용화를 목표로 할 계획이다.

[2] 태양광을 실내로 유도

광촉매국제연구센터의 옥상에는 그림 1-19와 같은 빛을 모으는 집광시스템이 있는데, 이는 자동으로 태양의 위치에 방향을 맞추어 효율적으로 태양광을 모을 수 있는 장비이다.

출처 : 유빅스(U-VIX) (주) HP

그림 1-19 태양광 집광장치

광도관(액체라이트 가이드)

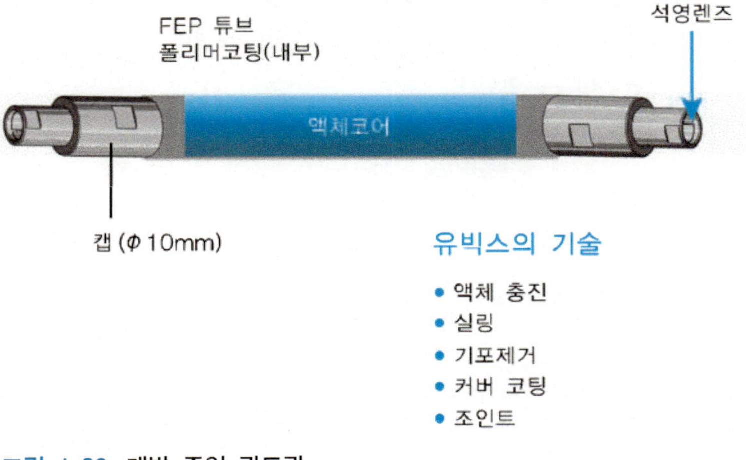

그림 1-20 개발 중인 광도관

태양광을 실내에 도입하려는 테마는 Y. Morito 박사(Tokyo이과대학 객원교수, 유빅스(주) 회장)가 주도하고 있으며, 모아진 태양광은 그림 1-20에 있는 **광도관**(이것도 본 센터의 Morito 박사가 개발)에 의해 여러 실험실에 보내지고 있다.

이 **광도관**은 기존의 석영(실리카로 된 투명한 결정) 재질로 만들어진 것이 아니라 내부의 기본적인 성분은 물이다. 미래에는 **광도관**을 더욱 개량하여 굵고 긴 제품을 만들어 태양광을 효율적으로 전달하는 기술을 개발하고자 한다. 바다에서 양식산업, 지하실에서 **태양광발전**, 혹은 대피소 등에 활용하는 것을 구상 중이다(그림 1-21).

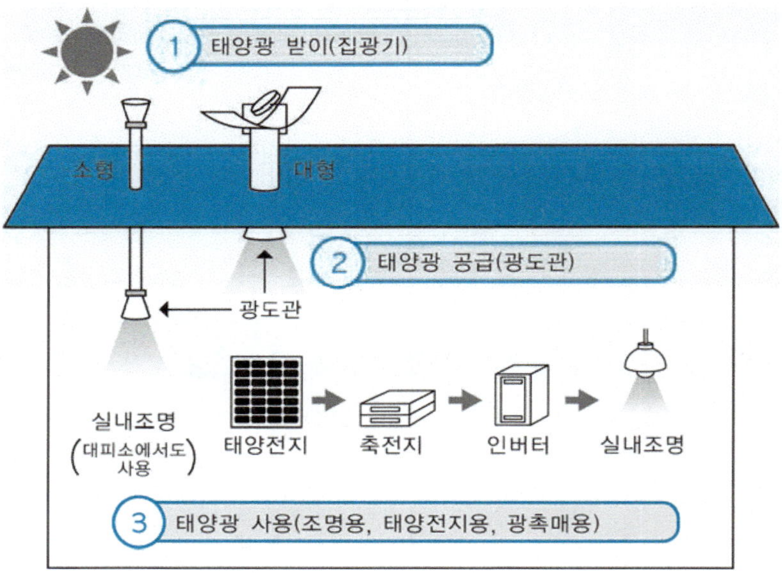

그림 1-21 **태양광을 활용하는 새로운 시스템**

[3] 충치예방이나 항암작용의 「희소당」 제조

바이오분야의 토픽으로는 광촉매로 쉽게 **희소당(rare sugars)**이 만들어지는 것을 K. Nakata 교수팀이 발견하였다.

희소당이란 자연계에는 드물게 존재하는 단당과 그 유도체를 일컫는데, 충치 예방 효과가 있는 것으로 알려진 자일리톨 같은 다양한 생리활성기능을 가지는 것으로 알려져 있다(그림 1-22). 또한 항암작용이나 항염증작용을 가지는 것도 발견되고 있다.

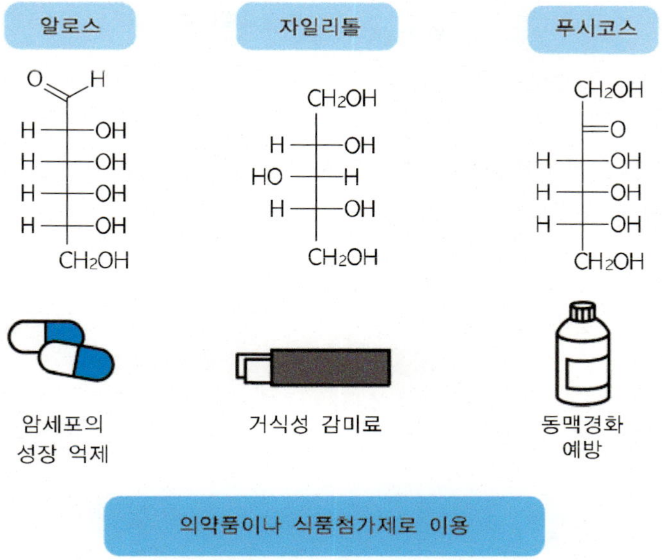

그림 1-22 희소당의 예와 용도

희소당 생산법으로는 **효소**나 화학약품을 이용하는 방법이 있지만, 대부분 고비용이거나 복잡한 공정으로 생산된다.

우리는 그림 1-23과 같이 포도당이나 젖당처럼 저렴한 당을 광촉매와 반응시켜 릭소스(lyxose)나 에리스로스(erythrose) 같은 고가의 희소당이나 지금까지 시판되지 않은 새로운 당의 합성에 성공하였다.

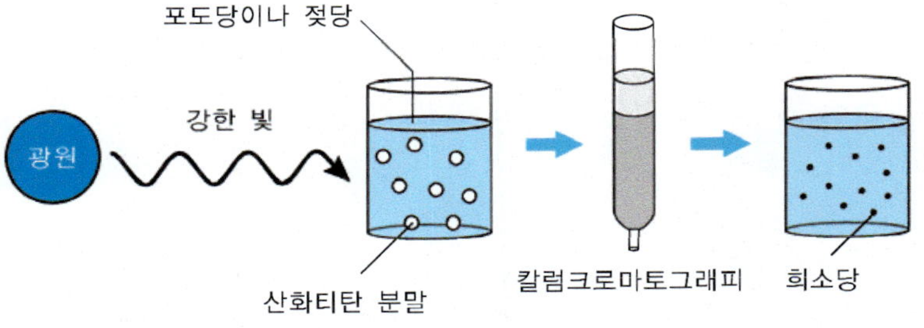

그림 1-23 광촉매반응을 이용한 희소당 제조법

계속 희소당의 생물활성을 자세히 조사하고 있으며, 항암제 등 약품으로 응용 연구를 진행 중이다.

1-4 쾌적한 생활의 버팀목 광촉매

[1] 호텔, 병원, 요양시설, 어린이집, 중고차업계에서도 가시광에서 사용할 수 있는 고감도 광촉매가 활약

21세기 들어 가시광에 반응하는 고감도 광촉매의 개발이 활발히 진행되고 있다.

양자역학적 계산에서 산화티탄 결정 중의 산소 일부를 산소와 유사하게 작용하는 다른 원소의 음이온으로 대체하면 가시광을 흡수할 수 있다는 것을 알았다.

질소나 황, 탄소 등의 원소가 후보물질로 검토되어 이들을 첨가함으로서 가시광에 반응하는 광촉매 재료가 탄생하게 되었다.

산화티탄 이외에도 **탄탈화합물**인 탄탈옥시나이트라이드계 또는 **산화텅스텐** (WO_3), 산화티탄과 산화텅스텐의 복합화 등 다양한 가능성이 시도되고 있다.

산화텅스텐이 **광촉매 활성**을 갖는다는 것은 이전부터 알려져 있었지만, 충분한 감도를 얻지 못하여 실용화까지 이르지 못하였다.

그러나 최근 도시바 등에서 결정구조를 조정하여 전하의 분리효율을 높이거나 입자크기를 작게 하여 대상 물질과의 접촉 면적을 늘리는 등의 연구가 진행되면서, 고감도화 나아가 가시광화가 달성되면서 빠르게 실용화가 이루어지고 있다.

그림 1-24에서 보는 바와 같이, 산화텅스텐이 흡수할 수 있는 빛이 **백색 LED**에 포함되어 있다.

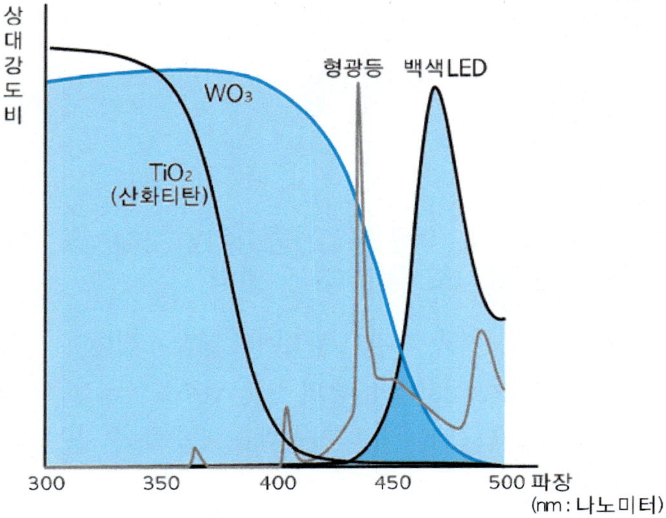

그림 1-24 산화텅스텐(WO_3)이 흡수할 수 있는 가시광 영역과 백색 LED의 스펙트럼 분포

산화텅스텐을 섬유 제조 시 혼합하거나 코팅하는 방법으로 다양한 재료에 도입하고 있다.

도입 사례는 호텔이나 병원, **요양시설**, **어린이집**, 중고차업계로 확산되고 있다. 중고차나 렌트카업계에서 이전 사용자의 냄새를 제거하는데 큰 수요가 있으며 **가시광 광촉매**에 의한 탈취효과를 활용하는 것이다.

[2] 꽃가루 알레르기 대책 마스크, 항균볼펜, 카펫에도 보급

Tokyo대학의 TLO(Technology Licensing Organization, 기술이전기관)가 중심이 되어 대학과 기업의 산학협력을 주선하는 시도가 진행되고 있다. 대학에 묻혀 있는 연구 성과, 특허를 민간기업에 소개하여 기술 혁신을 일으켜 일본 미래의 활로를 찾고자하는 시도를 Tokyo대학 TLO의 T. Yamamoto 사장이 진행하고 있다.

광촉매의 응용연구에 있어서도 산학협력의 성과가 나오기 시작하여 제품의 실용화 사례가 늘고 있다.

예를 들면 후지쯔에서는 티탄아파타이트라는 고성능 광촉매 재료의 개발과

제품화가 진행되고 있다. 이 물질은 인간의 뼈나 치아에 포함된 칼슘하이드록시아파타이트에 산화티탄을 혼합하여 제조한다.

칼슘하이드록시아파타이트가 원래 가지고 있는 흡착하기 쉬운 성질에 광촉매의 세균이나 바이러스, 유기물을 분해하는 성질을 접목하여 흡착·산화분해력이 뛰어난 광촉매 재료가 된 것이다.

흡착력이 우수한 성질을 이용한 그림 1-25와 같은 **꽃가루 알레르기 대책 마스크**가 시판되고 있다.

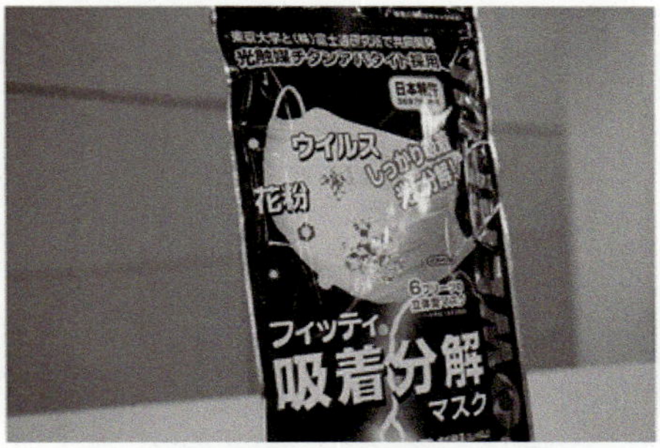

출처 : 「꽃가루 알레르기에 반가운 소식! 꽃가루를 99.9% 막아주는 기술」 후지쯔 잡지 HP

그림 1-25 꽃가루 알레르기 대책 마스크

또한 **항균볼펜**, 카펫등도 제품화되어 있으며, 공기청정기의 필터에도 사용되고 있다. 기업간의 라이센스 계약도 증가하고 있어 휴대폰이나 태블릿 단말기, PC의 키보드 등을 포함하여 앞으로 더욱 많은 제품이 개발될 것으로 보인다.

[3] 「Shirasu」를 활용한 더러움 방지 코팅제

건물 외벽의 광촉매 코팅은 응용 개발이 가장 발전된 분야이며 최근 새로운 전개로서 「Shirasu」라 불리는 천연소재와 결합된 더러움 방지 코팅제가 개발되었다.

「Shirasu」는 가고시마의 칼데라의 분화에 의해 분출된 천연세라믹으로 매우 미세한 미립자 내부에 많은 구멍이 있는 다공성 구조를 가지고 있다(그림 1-26).

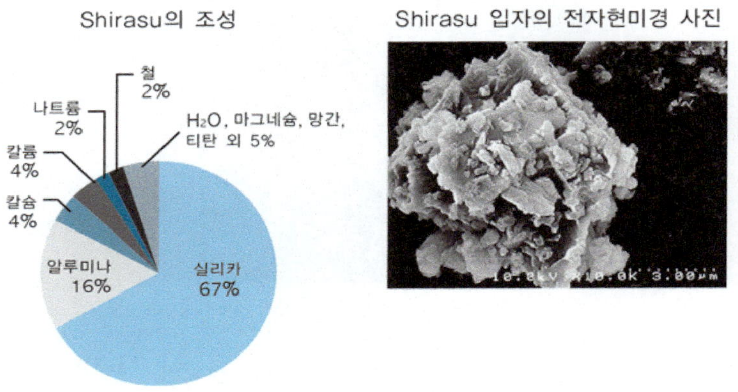

출처 : 주식회사 타카치오 HP

그림 1-26 Shirasu의 성분 조성비와 현미경 사진

이 Shirasu를 외벽에 사용하면 다공성 구조 때문에 벽에 통기성 및 조습성이 발현되어 결로 및 습기를 막아준다. 또한 뛰어난 단열성능으로 냉난방 효율을 향상시키는 친환경 건축자재이기도 한다. 이러한 Shirasu의 특징과 광촉매코팅을 결합한 건축자재가 ㈜타카치호에 의해 개발되었다. **더러움 방지 효과**, 특히 **물이끼 방지 효과**가 뛰어나서 친환경소재에 대한 수요가 많은 공공건축물 등에도 보급될 가능성을 내포하고 있다.

그림 1-27과 같이 주변 생활공간에 광촉매 적용으로는 **커튼**이나 블라인드, 의류, 우산, 장난감, 책, 모래 놀이터, 에어컨 실외기 등 아이디어는 무궁무진하다.

그림 1-27 주변에 광촉매 보급이 가속되고 있다.

미래의 큰 시장이 될 것으로 생각되는 광촉매 응용 분야 중에 자동차 차체 코팅이 있다. 물론 이 테마는 20년 전부터 시도되어 온 기술이지만, 기술이 진보한 지금이야말로 다시 도전해보고 싶은 분야이다.

이러한 기술 개발 성공을 위해서는 사용 환경을 세밀히 조사하고 이용하는 광촉매 재료 성질을 숙지하여 제품 맞춤형으로 최적화할 필요가 있다.

[4] 2020년 Tokyo올림픽에서 우주개발까지

지금까지 소개한 것처럼 광촉매의 실용화는 급속히 진행되고 있다.

이것은 사회에서 광촉매 기술을 받아들이고 있다는 것으로 파악할 수 있다. 나아가 앞으로 큰 관심을 받고 있는 2개의 테마가 있다.

먼저 2020년 Tokyo올림픽-패럴림픽(제32회 Tokyo대회)을 향한 준비이다. 이번 대회 운영에 있어서는 「환경친화적 올림픽」을 표방하고, 대회 후 「환경도시 Tokyo」를 내세우는 것이 목표로 명시되어 있다(「2020년 올림픽-패럴림픽Tokyo대회를 계기로 환경배려의 추진에 대해」 환경성, 2014년 8월).

한여름에 개최되는 Tokyo대회에서 우려되는 문제 중 하나가 **열섬현상**이다(그림 1-28). 마라톤이나 자전거 로드레이스 등 옥외 도로를 이용하는 경기에서는 선수와 관객의 열사병 예방, 열섬현상의 억제책이 필수적이다.

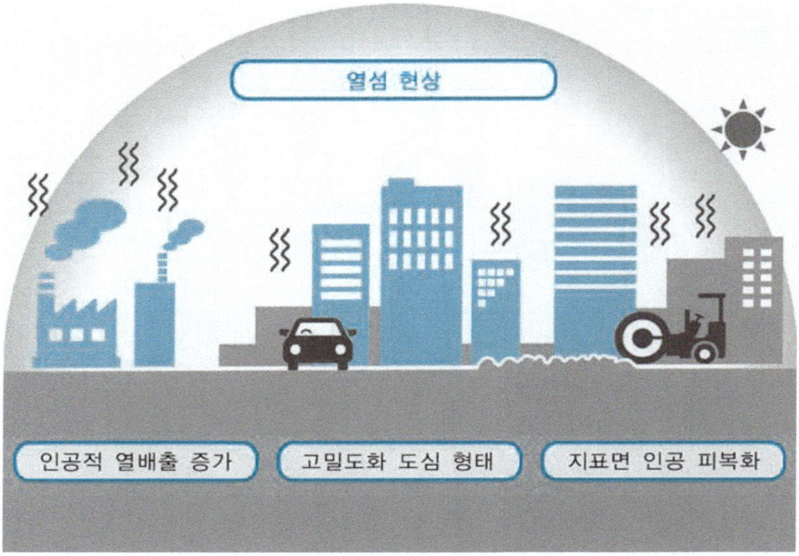

그림 1-28 열섬현상

그래서 열차폐 효과가 있는 광촉매 도장 기술, **초친수성**을 이용한 **물 살포 냉각시스템(인공 물 뿌리는 효과)** 등이 활용될 가능성도 매우 클 것으로 생각된다.

2005년 일본국제박람회(아이치-지구박람회, 아이치엑스포)의 경우에도 **광촉매 텐트** 위에 물을 흘리는 것이 시원하다는 방문객의 호평이 있었는데, 이번에도 활발하게 활용해 볼 가치가 있어 보인다.

이 대회를 계기로 광촉매를 포함한 환경 기술에 혁신이 있어 선진적인 「환경도시 Tokyo」에서 멋있는 경기를 볼 수 있다면 다음 세대를 짊어질 아이들에게도 자랑스러운 올림픽이 될 것이다.

어린이들에게 꿈과 희망을 주는 테마로 **우주개발**도 같은 역할을 한다.

이 **우주개발**에도 광촉매 기술이 기여하고 있다는데 어떤 내용이 있을까?

국제우주정거장(ISS)의 일본 실험동 「키보우(희망)」에서 행해지고 있는 실험

중 하나가 우주에서 생명연구이다.

미생물, 식물, 송사리를 거쳐 지금은 생쥐의 사육 실험이 진행되고 있다. 우주에서 뼈 양의 감소와 근육의 위축 메커니즘을 규명하여 고령자 의료 및 신약 개발에도 도움을 주기 위한 연구이다.

실제로 생쥐를 사육할 때 문제가 된 것이 **탈취**, **살균**이다. 국제우주정거장의 제한된 좁은 공간에서 생쥐를 사육하고 무사히 지구로 생환시키기 위해서는 사육실의 위생환경 완비가 중요한 열쇠가 된다. 또한 에너지와 공간을 가급적 사용하지 않아야 하는 등 우주에서의 독특한 제약도 있다.

그런 제약을 극복할 수 있는 기술로 광촉매 기술이 선정되어 JAXA(우주항공연구개발기구)와 기업의 공동개발로 35일간 「키보우」실험동에서 사육과 지구로 생환 임무가 실현되었다.

사실 사육실 뿐만 아니라 국제우주정거장이나 우주선 내부의 악취는 큰 골칫거리이다. 「운동부의 사물함 냄새」라고 표현한 우주비행사도 있을 정도였으니 우주에서의 장기 체류를 생각하면, 거주 공간의 공기정화는 우주비행사의 몸과 마음의 건강에 큰 영향을 미칠 것으로 생각된다.

화성 유인탐사를 위한 국제우주정거장에서의 연구 등 장기 체류 임무를 염두에 두고, 우주선 내부를 효율적으로 탈취, 살균할 수 있는 광촉매 기술 개발이 계속되고 있다. C. Mukai Tokyo이과대학 특임부총장이 우주정거장에 광촉매를 적용하는데 큰 관심을 보이고 있다.

Column

광촉매 마침내 일본 검정 교과서에 등장!

현재 일본 중고생들은 교과서에서 광촉매를 배우고 있다.

광촉매에 의한 **물의 광분해**와 **셀프클리닝 기능**에 대한 내용이 중학교와 고등학교의 화학교과서(Tokyo서적, 계림관)에 소개되어 있다.

지금의 중고생들이 광촉매와 태양에너지의 이용에 대해 공부하게 된 것은 개발자로서 매우 기쁜 일이다.

그들 가운데서 언젠가는 차세대 연구자·기술자가 등장하여 자원·에너지·환경문제를 해결할 수 있는 성과를 내리라 확신하고 있다.

또한 중고생이 과학을 배우는 의의는 장래 이공계에 진학하는 사람에게만 있는 것은 아니다. 오히려 이공계 이외의 길을 가는 학생들이야말로 미래에 걸쳐 사물을 자신이 과학적, 논리적으로 생각하는 힘(과학지식)을 배양하는 데 기초가 될 수 있으리라 보인다.

예를 들어 광촉매를 응용한 제품이 실용화되기 시작하던 시절 광촉매라고 선전은 했지만 그다지 효과가 없는 상품이 나돌았던 적이 있었다. 그러한 상품을 접했을 때 무엇이 진짜인지를 스스로 생각할 수 있는 소비자가 많으면 가짜 상품이나 정보는 곧 도태될 것이다. 현명한 소비자가 선택한 진짜 제품은 살아남아 성장할 것이다. 이른바 건전한 시장을 성장 지원하는 기초가 과학교육에서 길러지는 것이라 할 수 있다.

제 2 장

지금 주택이나 고층빌딩에도 광촉매가 크게 주목받는 이유

2-1 주택 외벽은 더러워지지 않는 「광촉매 타일」이 새로운 유행

[1] 마루빌딩에 일본 최초 광촉매 타일! 1000억엔 시장이 활기를 띠고 있다

광촉매에는 다양한 효과가 있지만 그 중에서 가장 주목받으며 실용화면에서도 앞서 있는 것이 셀프클리닝 효과이다.

산화티탄을 주택의 외벽 타일 표면에 얇고 투명하게 코팅해두고 거기에 햇빛이 닿으면 표면에 서서히 부착되는 기름얼룩 등이 광촉매의 산화분해력으로 분해되는 것이다.

또한 비가 오면 광촉매의 **초친수성 효과**로 타일 표면에 얇은 물막이 만들어져 오염물질을 띄워 씻어준다(그림 2-1).

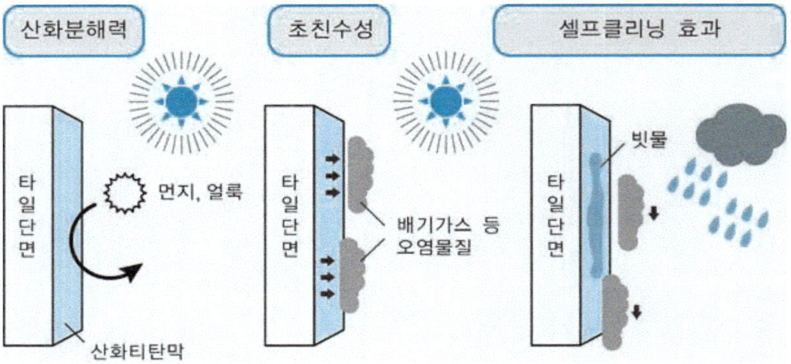

그림 2-1 **광촉매 셀프클리닝 효과**

이와 같이 광촉매의 강한 **산화분해력**과 초친수성의 이중 효과로 타일 표면이 태양과 빗물만의 자연의 힘을 이용하여 스스로 깨끗한 상태를 유지하는 효과를 「**셀프클리닝 효과**」라 부르고 실용화를 진행하고 있다.

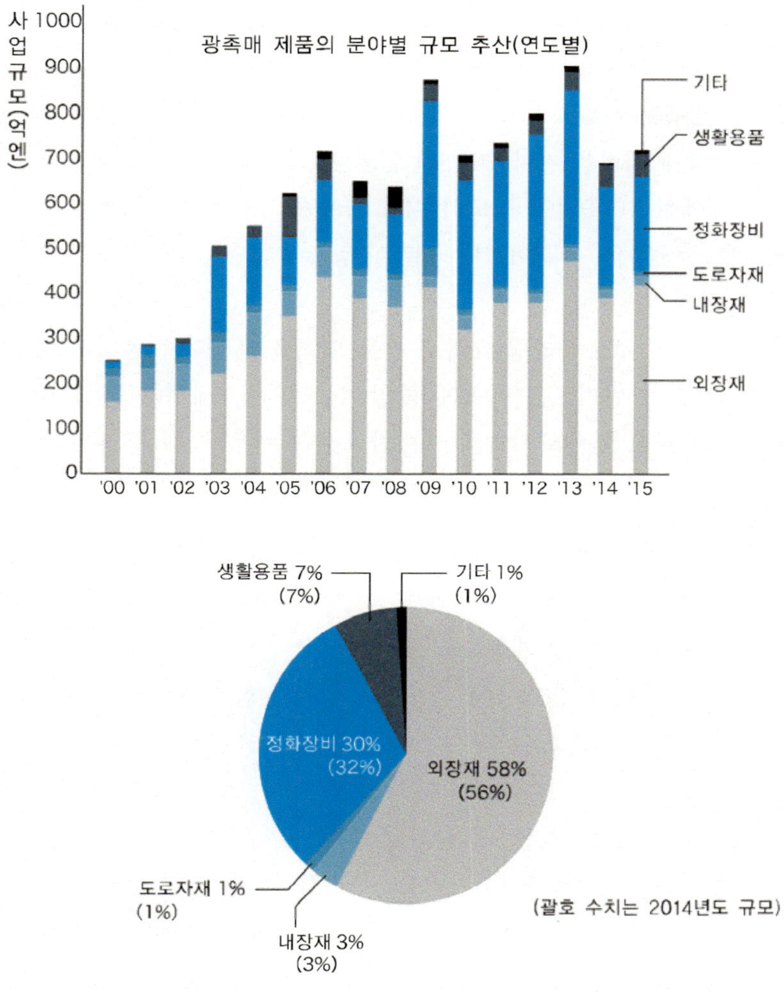

그림 2-2 광촉매 제품의 2015년 사업 규모(2016년 광촉매공업회조사)

타일의 표면을 얇고 투명하게 산화티탄으로 코팅한다고 하여도 실제 제품으로 사용할 수준의 성능과 내구성을 갖도록 하는 것은 쉽지 않다.

이 내용은 책 뒷부분에 자세히 소개하겠지만 제조업체 기술자의 열정적인 노력으로 일본에서 처음으로 Tokyo역 마루노우치 출구 앞 마루노우치빌딩(2002년 준공)에 「**광촉매 타일**」이 적용되었다.

그 후 꾸준하게 실적을 쌓아 2016년 **일본광촉매공업회**의 조사에 의하면 광촉매 산업 전체에서 1000억엔 정도의 시장 규모로 성장하였다(그림 2-2).

광촉매 제품들 중에서 주축이 되는 제품이 광촉매 타일을 비롯한 외장용 건축자재이다.

나아가 광촉매의 셀프클리닝 효과로 건물 외벽을 깨끗하게 유지하는 것은 청소 등 유지 보수의 번거로움을 크게 줄일 수 있으며, 세제나 물 사용도 줄일 수 있어 환경친화적인 에코기술로 소비자로부터 매우 높게 평가되고 있다.

[2] 주택의 아름다움을 창조하고 유지하는 광촉매 타일

현재는 다이와하우스공업, 아사히카세이홈즈, 이찌조공무점 등 대부분의 주택 건설업자가 광촉매 기술을 채용하고 있다.

K. Matsushita 씨가 1963년에 「가족의 행복과 함께 인격의 성장에 도움이 되는 좋은 주택을 만들고 싶다」는 강한 사명감을 가지고 설립한 파나홈(Panasonic Home)도 그 중 하나이다.

파나홈은 언제까지나 쾌적하게 살아갈 수 있는 주택을 만들기 위한 구조와 기술의 가치를 4개의 키워드 「부드러움」, 「강함」, 「건강」, 「아름다움」으로 대변하고 있다. 이것은 우리가 살아가고 있는 모든 공간에 해당하는 가치이다.

아름다움을 유지하여 애착을 계속 지니도록 하는 가치로 그 주택의 「아름다움」을 창조하기 위해 채택한 기술이 외벽용 광촉매 타일이다.

구체적으로는 새로운 고성능 **광촉매 타일**을 TOTO와 함께 개발하여 13년 동안 총 7만동의 신축주택에 적용하였다.

제공 : (주)파나홈다마

그림 2-3 파나홈-코트고쿠분지

또한 2014년도 일본굿디자인상에 선정된 광촉매 타일은 산화티탄의 혼합에 의한 홍채 현상으로 빛이 쪼여지는 상태나 보는 각도에 따라 타일의 음영이 변화하여 독특한 느낌을 준다. 이렇듯 광촉매 타일은 기능성뿐만 아니라 디자인성도 뛰어난 제품으로 앞으로 많은 장소에서 활용되리라 기대하고 있다.

이 밖의 외벽재로 케이뮤(KMEW) (주)의 「히카리세라」등도 많이 이용되고 있다.

[3] 광촉매 타일의 주택이 NOx 제거

광촉매 타일이 환경친화적인 에코기술이라는 것은 셀프클리닝 효과 외에 또 하나의 이유가 있다.

그것은 광촉매 타일 표면에 부착된 오염물질의 분해에 그치지 않고 대기환경 중 유해오염물질 **NOx(질소산화물)**를 분해하고 정화하는 능력이 있기 때문이다.

즉, 광촉매는 태양광을 이용하여 공기를 정화하는 능력도 지니고 있다. 이 효과에 대해서는 **JIS(일본공업규격)**에서 체계적으로 인증한 방법에 따라 성능평가가 이루어지고 있다(제8장 참조).

자연환경에서 대기를 정화하는 힘은 숲의 다양한 식물들도 갖추고 있다.

예를 들어 잎이 넓은 나무 중에서도 포플러는 공기정화 능력이 뛰어난 나무로 알려져 있다. 어떤 기업에서 계산한 내용에 의하면 200 m^2 광촉매 타일의 NOx 분해 능력은 포플러 약 14그루에 해당한다고 한다.

이는 NOx를 흡수하는 능력이 식물 중에서 가장 높은 포플러 한 그루 잎의 수를 15,000 장으로 가정하여 계산한 결과이다(그림 2-4).

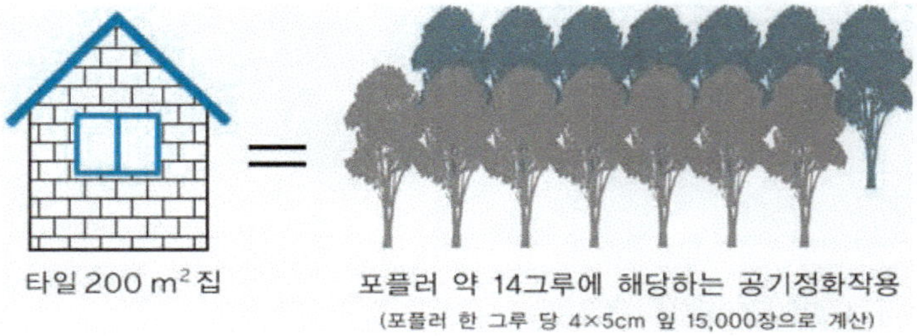

그림 2-4 광촉매의 NOx 제거능력을 식물 정화능력과 비교

건물 외벽을 광촉매 타일로 시공하면 나무를 심는 것과 동일하게 지역의 환경정화에 공헌한다는 점이 이 기술의 뛰어난 점이라 생각한다.

외장용에 내장용 타일을 포함하여 광촉매 타일 전체를 그림 2-5에 정리하였다.

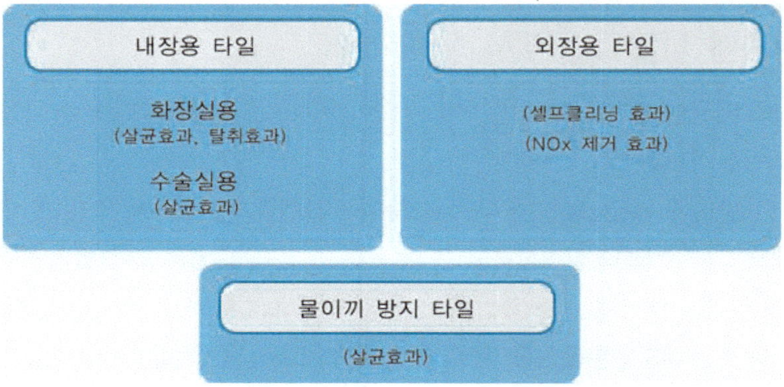

그림 2-5 각종 광촉매 타일

2-2 고층빌딩, 공장, 교회 외벽에 적용하는 건축자재·코팅제

[1] TOTO가 광촉매 기술을 일본에서 세계로

일반주택뿐만 아니라 고층빌딩이나 공장에서도 그 외벽재로 광촉매 타일 또는 광촉매 코팅을 선정하는 사례가 급증하고 있다.

이 기술의 개발 초기부터 이시하라산업의 산화티탄 재료, TOTO의 HYDROTECT기술, 일본소다의 광촉매 코팅제 「BISTRATOR」가 큰 역할을 하였다.

TOTO는 욕실타일 등 내장용 광촉매 타일의 개발에서 시작하여 외벽용타일, 나아가 타일뿐만 아니라 외벽재에도 사용할 수 있는 광촉매 코팅제 등 제품의 폭을 넓혀 특허등록 및 해외기술이전 등 광촉매 기술 보급을 꾸준히 세계로 확장하고 있다.

고층빌딩이나 공장이 위치한 지역에는 주변 도로가 만성적인 교통체증으로 대기환경오염이 심각하며 이는 건물외벽의 오염으로 직결된다.

일본에서는 자동차 배기가스 규제가 강화되어 고도성장기 시절의 심한 대기오염은 개선되었지만, 세계로 눈을 돌려보면 베이징의 대기오염 문제 그리고 아시아·아프리카 등 각국의 도시개발이 진행되면서 병행해서 발생하는 대기오염은 아직 해결되지 않은 지구 규모의 과제이다.

대기오염이 심각한 지역에 빌딩이나 공장을 건설할 때 건물외벽 전체를 광촉매로 코팅하면 광촉매 **셀프클리닝 기능**으로 그 건물 자체는 청결하게 유지되는 동시에 대기오염물질 NOx(질소산화물)를 제거하여 공기를 깨끗하게 할 수 있다.

고층빌딩의 외벽은 청소에 큰 비용이 소요되고, 청소 작업도 많이 위험하다. 청소 횟수를 줄여도 건물이 청결하게 유지된다면 청소작업자의 위험을 방지하고 유지비용 절감으로 이어질 수 있다. 이것이 가능한 비장의 카드로 광촉매 타일 또는 광촉매 코팅을 선택하는 사업자가 증가하는 것은 대단히 놀라운 일이다.

[2] 토요타공장 외벽이 2000그루 포플러의 공기정화능력

또한 환경의식이 높은 기업은 적극적으로 공장이나 점포의 외벽에 광촉매를 도입하고 있다.

예를 들면 하이브리드자동차 프리우스의 생산 현장인 토요타자동차공장(아이치현 토요타시)의 건물 외벽에 녹색의 광촉매 도료를 시공하였다.

광촉매의 기능인 공기정화 능력을 포플러 그루 수로 환산하면 이 공장 전체에서 약 2000그루에 상당하는 공기정화 능력을 갖는다고 한다.

2000그루의 포플러 숲을 상상해보자. 직접 눈으로는 확인할 수 없는 광촉매의 작용을 조금이나마 비슷하게 느낄 수 있지 않을까 생각된다.

[3] 저자 주택, 일본기후대학, 독일, 중국, 이탈리아 어디든 반짝반짝

저자가 살고 있는 주택도 지금부터 20여년 전 집 전체를 광촉매 코팅하였다.

일본소다에서 「BISTRATOR」라는 상품명으로 개발한 광촉매 코팅제를 코우요우전기공사에 의뢰하여 시공하였는데 현재까지 더러워지지 않고 흰색을 유지하고 있다.

그림 2-6 일본기후대학 건물의 광촉매 코팅 부분과 미코팅 부분 비교

대학과 고등학교의 학교건물이나 역 건물을 비롯하여 다양한 곳에 시공되어 「정말 깨끗함이 유지된다」라는 칭찬을 많이 듣고 있다.

그림 2-6은 일본 기후대학 캠퍼스 건물에 광촉매를 시공한 곳과 시공하지 않은 곳의 차이가 확실하게 보이는 재미있는 사진이다(기후대학대학원 T. Sugiura교수 촬영).

최근에는 유럽 각지와 중국 등에도 광촉매 기술이 도입되어 광촉매 코팅이 시공된 건물이 많아지고 있다.

예를 들면 독일 브레멘시의 주거빌딩, 중국 광동성의 맨션, 이탈리아에서는 교회건물에 사용되었다.

저자가 근무하는 Tokyo이과대학의 **광촉매국제연구센터**(노다캠퍼스 내) 건물도 광촉매로 덮인 가상 포플러 숲이다. 이 센터 옆에는 앞으로도 훌륭한 성과의 결실을 기원하는 의미로 과실류의 나무를 심은 진짜 과수원도 만들었다.

[4] 미관유지 및 청소비용 절감을 실현한 알루미늄 건축자재

매우 다양한 용도로 사용되는 **알루미늄 건축자재**에도 광촉매 코팅으로 셀프 클리닝효과를 발휘하는 제품이 만들어지고 있다.

미츠비시케미칼의 알포릭(ALPOLIC)은 그림 2-7과 같이 심재(안쪽 재료)에 방화성 수지를 사용한 3층 구조의 **알루미늄수지복합판**으로 현재는 세계 각국에서 사용되고 있다.

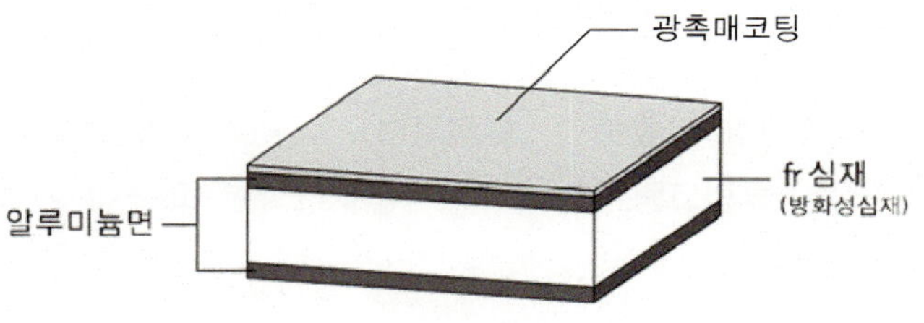

그림 2-7 미츠비시케미칼 「알포릭」 특징

고내구성 불소수지 루미후론(상품명)막 위에 광촉매를 코팅하여 셀프클리닝 효과가 나타나면 알루미늄 건축자재의 부드러운 느낌과 얼룩이 없는 미관을 장기간 유지하며 청소비용 저감이 가능하다.

공장에서 광촉매를 코팅하기 때문에 시공현장에서 도포작업이 필요 없어 공사 기간의 단축과 도장공의 기술에 좌우되지 않는 안정된 품질 확보가 가능하다는 점도 많은 현장에 보급하는데 매우 중요한 사항이다.

[5] 청소가 필요없는 안경 체인점 간판

사람이나 자동차의 왕래가 많은 곳에 걸려있는 간판은 더러워지기 쉽다.

간판의 표면에 투명한 광촉매를 코팅하는 사례가 많아지고 있다. 예로 Tokyo의 Megane Drug(안경 체인점)(그림 2-8)가 있다.

이 간판은 항상 깨끗하기 때문에 표면을 청소할 필요가 없다.

출처 : (주)Megane Drug(안경 체인점) HP

그림 2-8 광촉매 코팅 간판

광촉매 도료에는 색상이 풍부한 「**컬러코팅**」, 그리고 바탕 소재의 느낌을 살릴 수 있는 투명한 「**투명코팅**」이 있어 고객의 다양한 요구에 대응할 수 있는 제품군으로 계속 진화하고 있다.

2-3 텐트막 제품의 가능성을 넓힌 광촉매 텐트

[1] Tokyo돔 텐트막 제품을 만든 회사

광촉매 기능을 갖는 외장용 건축자재 중에서도 텐트막 제품은 독특한 발전을 이루었다.

텐트막 제품하면 Tokyo돔을 떠올리는 사람도 많을 것이다. 1988년에 탄생한 Tokyo돔 지붕은 유리섬유에 불소수지를 코팅한 텐트막으로 구성되어 있고, 반세기 이상이 지난 현재도 충분한 강도를 유지되고 있다.

그러나 Tokyo돔이 시공될 당시에는 안타깝게도 광촉매의 응용 연구가 아직 시작 단계이었기 때문에 표면을 자동으로 깨끗하게 유지하는 셀프클리닝 기능은 넣지 못하였다.

그 후 Tokyo돔 텐트막을 제조한 타이요공업이 여러 기업과 협력하여 광촉매 기술을 텐트막에 도입하는 연구를 착수하여, 현재는 **광촉매 텐트**로 다양한 실적을 올리고 있다.

실외에서 장기간 사용하는 막구조 건축물의 막 재료에는 크게 두 종류가 있다. 하나는 염화비닐수지가 코팅된 **염화비닐막**이고 다른 하나는 불소수지가 코팅된 **불소막**이다.

염화비닐막의 경우는 염화비닐이 산화티탄의 산화분해력에 의해 열화되기 때문에 중간에 배리어층(보호접착층)을 만든 다음 그 위에 광촉매층을 만들어준다.

한편 불소수지는 산화티탄에 의해 산화분해되지 않기 때문에 산화티탄 미세입자를 배합한 불소수지를 기재가 되는 불소수지막 위에 직접 코팅한다.

이렇게 제조한 불소수지막 제품은 광촉매 입자가 막소재와 일체화되어 열화되지 않고 반영구적으로 광촉매 기능을 유지할 수 있다.

[2]「4가지 특징」과 테니스코트, 풋살경기장, 배팅연습돔

원래 텐트 제품의 특징으로 가벼우면서 견고하고, 내부가 밝고, 자유로운 형태 제조가 가능하다는 점을 들 수 있지만, 그 표면에 광촉매 기능을 첨가한 광촉매 텐트는 텐트막의 가능성을 더욱 넓혀주는 뛰어난 특징이 있다.

기본은 다른 외장용 건자재와 마찬가지로 ① 태양과 비의 힘으로 스스로 오염을 세척하여 유지비용을 줄일 수 있는 **셀프클리닝 효과**, ② 대기 중의 NOx를 분해하는 공기정화 효과, 이들 기능 외에도 ③ 표면에 오염물이 쉽게 부착되지 않으므로 내부 공간의 밝기를 오랫동안 지속할 수 있고, 나아가 ④ 햇빛의 반사율이 증가하기 때문에 실내가 많이 더워지지 않아 에너지절약에 공헌할 수 있다(그림 2-9).

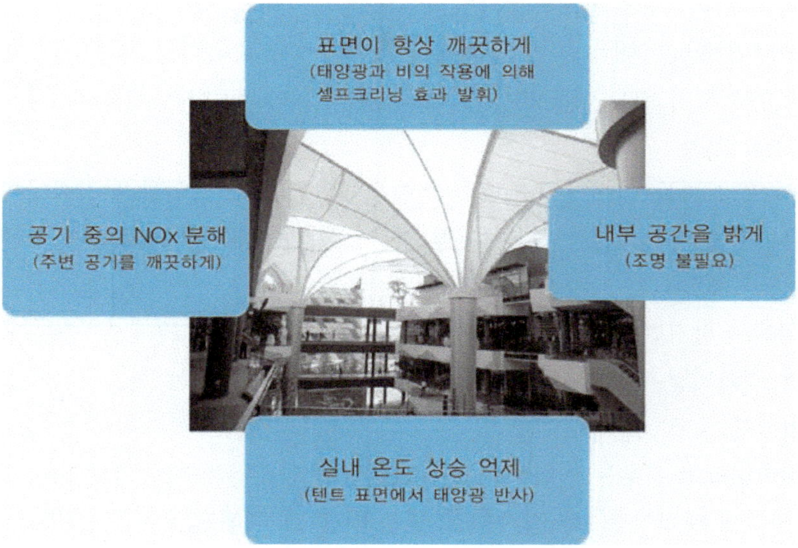

그림 2-9 광촉매 텐트의 4가지 특징

이러한 특징을 살린 광촉매 텐트 창고는 창고 내의 온도 상승을 억제할 수 있어 지금까지 도입이 곤란했던 식료품이나 약품 등 분야의 창고에도 활용할 수 있게 되었다.

온도 상승을 억제하고 자외선을 차단할 수 있는 광촉매 텐트는 스포츠시설에 적합하여 테니스코트, 풋살경기장, 배팅연습돔 등에도 사용되고 있다.

[3] Tokyo역 야에스출구「그란루프」, 미국 댈러스경기장, 프랑스에서 활약하는 텐트

또한 텐트막 제품은 본래의 아름답고 자유로운 디자인과 광촉매의 환경친화적 기능이 조화를 이루는 건축물로 많은 상업시설이나 다목적시설에 사용되고 있다.

Tokyo역 야에스출구의 새로운 심볼로 2013년 9월에 오픈한「그란루프(GRANROOF)」에도 광촉매 텐트가 사용되었으며, 빛을 부드럽게 투과하는 막 소재의 성질을 살려 야간에는 조명의 라이트업 효과로 도시에 어울리는 아름다운 경관을 창출하는데 기여하고 있다(그림 2-10).

그림 2-10 Tokyo역 야에스출구「그란루프」

타이요공업에 따르면 일본에서 건설되는 영구적인 건축용 막구조시설의 약 90%에 광촉매 텐트가 사용될 정도로 압도적인 지지를 얻고 있다.

광촉매 텐트는 해외에서도 널리 사용되고 있다. 2014년 브라질에서 개최된 FIFA 월드컵경기장 지붕, 미국 텍사스주 댈러스의 약 10만명이 관람할 수 있는 아메리칸풋볼경기장 등이 유명하다(그림 2-11).

그림 2-11 댈러스·카우보이스 AT&T 경기장 (미국)

또한 프랑스 파리의 퐁피듀·센터는 세계적인 문화예술센터인데 그 분관으로 로렌 지방의 도시 메츠에 2010년 유럽 최초로 광촉매 텐트를 사용한 **대형 막구조시설** 「퐁피듀·센터·메츠」를 완성하였다(그림 2-12).

그림 2-12 퐁피듀·센터·메츠 (프랑스)

이는 일본인 건축가 S. Ban씨가 설계한 것으로 기능성과 함께 막 소재의 특성을 살린 부드러운 곡선의 지붕 형상 구조물이며, 그 표면적은 약 8000 m^2에 이른다. 일본의 광촉매 기술과 일본인 건축가가 만나 유럽에 새로운 문화센터가 탄생하였는데, 특히 야간에는 내부에서의 조명 효과로 멋있는 경관을 연출한다.

공항에 광촉매 텐트가 사용된 곳으로는 1994년 미국 콜로라도주 덴버국제공항, 2004년 크로아티아의 스플릿공항, 2014년 영국 런던의 히드로공항 등이 있으며, 일본에서는 나리타국제공항에 사용되었다.

광촉매 텐트는 공항 이외에도 독일, 그리스, 터키, 스페인, 중동, 호주 등 세계 각지에서 사용되고 있다.

[4] 쿠푸왕의 피라미드에도 광촉매가!

또한 광촉매를 오랫동안 연구해온 사람으로서 매우 기뻤던 활용 사례는 이집트의 기자에 있는 쿠푸왕의 대피라미드 옆에 만들어진 작업용 텐트의 바깥 텐트에 광촉매 텐트가 사용된 것이다(그림 2-13).

그림 2-13 쿠푸왕의 대피라미드 부근 광촉매 텐트(이집트·기자)

이것은 피라미드에 인접하여 부장된 쿠푸왕의 배(통칭 「제2의 태양의 배」)의 발굴·복원작업을 위한 것으로 와세다대학 명예교수인 S. Yoshimura 씨(현재 동일본국제대학장)가 1987년에 그 존재를 확인하면서 발굴 조사가 이루어졌다.

작업용 텐트는 이중 막구조로 되어 있으며, 바깥쪽 막에 산화티탄막이 사용되었다. 이집트의 강렬한 햇빛을 약 80% 반사하여 텐트 내부 온도 상승을 억제하는 효과가 있으며, 에어컨이 없는 상태에서도 외부 온도보다 4~5℃ 낮은 환경을 만들어 주었다.

또한 셀프클리닝 효과로 세계유산의 미관 손실을 최소화하는데도 공헌하였다. 복원작업이 끝난 후에는 이집트 고고학 최고회의에 기증되어 계속 귀중한 문화재의 보존처리시설로 이용되고 있다. 「피라미드 - 그 역사와 과학」(S. Kako저, Kaisei press)라는 그림책을 애독하고 있는 필자에게는 매우 감격스러운 활용 사례 중 하나이다.

2-4 더러워지지 않고 물방울이 맺히지 않는 유리로 선명한 시야 유지

[1] 물 절약에 성공한 「센트레아」와 Tokyo이과대학의 「물방울이 맺히지 않는」 유리

판유리는 일반적으로 타일이나 텐트 등 다른 외장 건축자재에 비해 더러워지지 않는 재료이지만, 일단 오염물이 묻으면 투명성이 떨어져 순식간에 건물의 인상이 나빠진다.

따라서 일반주택이나 빌딩 등 대형건축물에서 건물의 미관 유지에 가장 중요한 것이 유리라고 할 수 있으며, 지금은 일본뿐만 아니라 세계 굴지의 유리회사들도 경쟁적으로 광촉매 코팅 셀프클리닝 유리(광촉매 유리)를 개발하고 있다.

대규모로 광촉매 유리가 설치된 곳이 츄브국제공항(센트레아)이다. 1만 7000 m^2의 광촉매 유리를 설치하였고, 유리창의 청소 횟수가 크게 줄어 청소에 사용하는 물을 절약할 수 있었다(그림 2-14).

남쪽 탑승구

센타피어

출처 : 츄부국제공항(센트레아) HP

그림 2-14 츄부국제공항(센트레아)의 광촉매 유리

Tokyo이과대학 카츠시카캠퍼스에서 광촉매 유리의 효과를 실제 체험할 수 있다.

2015년 가을 카츠시카캠퍼스 도서관동 1층에 「Tokyo이과대학 사이언스도장」이 오픈하였다(그림 2-15).

그림 2-15 Tokyo이과대학 사이언스 도장
(Tokyo이과대학 카츠시카캠퍼스 도서관동 1층)

K. Honda 초대 학장이 「학문이 있는 곳에서 기술이 길러지고 기술이 있는 곳에서 산업이 발전한다. 산업은 학문의 도장이다.」를 컨셉으로 Tokyo이과대학의 최첨단 연구를 소개하는 시설을 만들었는데 여기는 일반인들도 언제나 견학이 가능하다. 이 시설에는 광촉매의 기본 원리를 체험할 수 있는 「광촉매 체험코너」가 설치되어 재학생의 설명을 직접 들으면서 비오는 날에도 물방울이 맺히지 않는 광촉매 유리 효과를 체험할 수 있다.

건물 외부에 접한 한쪽에 광촉매 유리와 일반 유리가 나란히 시공되어 있으며, 유리 윗부분에 인공적으로 비를 내리게 하는 샤워기가 붙어 있다(그림 2-16).

그림 2-16 일반 유리와 광촉매 유리의 비교

Tokyo이과대학 재학생이 설명하면서 버튼을 누르면 샤워기가 작동하고 일반 유리는 수많은 물방울로 덮여 우리가 비오는 날 창문을 실내에서 바라보는 상태가 재현된다.

한편 광촉매 유리는 광촉매의 **초친수성 효과**에 의해 물방울이 맺히지 않고 균일하게 젖은 상태가 되어 좋은 시야를 확보할 수 있다.

또한 샤워기를 작동할 때마다 표면의 더러움도 씻겨 흘러내려가므로 마른 상태에서 비교하여도 광촉매 유리가 더 투명하고 깨끗한 상태가 유지되는 것을 알 수 있다. 기회가 있으면 방문하여 광촉매 효과를 체험해주길 바란다.

[2] 루브르미술관과 학교에도 광촉매 셀프클리닝 강화유리

또한 파리 루브르미술관의 피라미드형 입구 유리에도 사용되었다(그림 2-17).

그림 2-17 **루브르미술관 입구 유리에도 광촉매 코팅**

현재는 유리 전용 광촉매 코팅제나 필름이 개발되어 기존의 유리창에 광촉매 기능을 첨가할 수 있다. 아사히유리가 판매하고 있는 유리 전용 코팅제는 TOTO의 **하이드로텍트기술**을 사용한 것이다.

또한 유리 제조 과정에서 미리 표면에 광촉매를 코팅·소성하여 처음부터 광촉매 유리로 이용하는 방법도 있다.

이 제품은 신축 고층빌딩 등에서 타일 등 외장 건축자재와 함께 도입되는 경우가 많아지리라 예상된다. 건물 전체를 광촉매로 코팅하면 청소비용도 저렴해지고 빌딩관리 비용 대비 효과의 관점에서도 충분히 가치가 있는 것으로 알려져 있다.

또한 일본판유리에서는 학교용으로 특화하여 「광촉매 셀프클리닝 강화유리」를 제품화하였다(그림 2-18).

학교시설에서는 안전이 제일이므로 강화유리 등 안전성이 높은 유리가 널리 보급되어 있다.

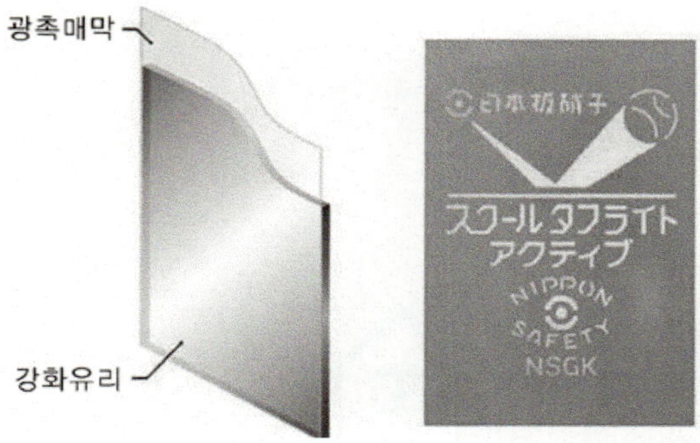

출처 : 일본판유리 HP

그림 2-18 학교용 광촉매 셀프클리닝 강화유리

앞으로 학교는 환경교육이나 재난예방 거점으로 중요하기 때문에 국가는 「학교 제로에너지화」를 목표로 에너지 절약을 한층 더 추진할 계획이다.

학교시설의 제로에너지화의 실현을 위하여 중점적으로 고려해야 할 사항은 조명, 냉난방, 환기와 관련된 에너지 소비량의 저감이며, 여기에 유리창도 관련이 있다.

기존 강화유리의 성능뿐만 아니라 광촉매 **셀프클리닝 기능**은 에너지 절약에 공헌할 수 있으므로 광촉매 강화유리가 교실에 도입되길 기대하고 있다.

어린이들이 유리창에 어떤 기술이 사용되는지를 공부하면서 환경에 대한 의식도 높아질 수 있으리라 생각된다.

일본뿐만 아니라 유럽의 대기업 유리 제조업체들도 광촉매 셀프클리닝 강화유리를 제품화하고 있다.

예를 들면 Saint Gobain사의 셀프클리닝 유리·바이오크린(Self Cleaning Glass·Bioclean), 그리고 Pilkington의 액티브(Active^{TM}) 등이 널리 알려져 있으며, 이에 대한 수요는 점점 늘어가고 있는 추세이다. 그림 2-19에 광촉매에 의한 셀프클리닝 재료의 활용 사례를 소개한다.

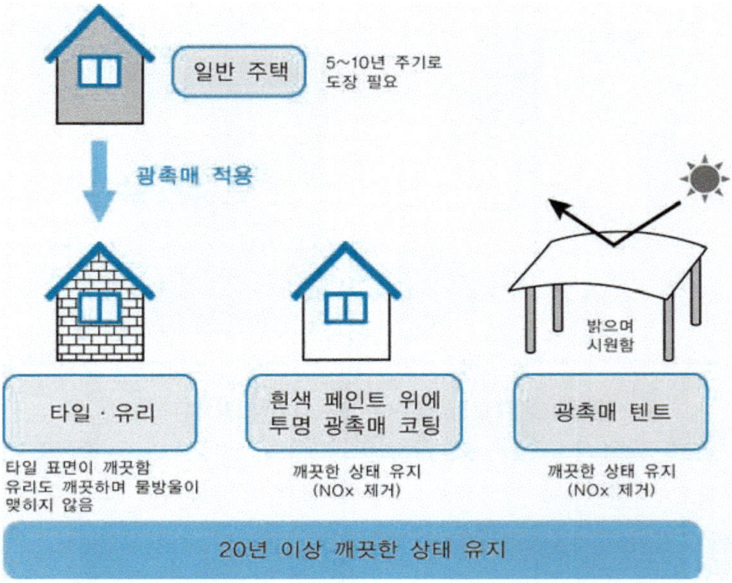

그림 2-19 셀프클리닝 재료의 활용 사례

2-5 건물 내부의 가시광에서 활약하는 광촉매

[1] 「가시광 응답형」 광촉매에 의한 내장용 유리

최근 광촉매 기술의 진보에 의해 실내의 형광등 빛에도 반응하는 **「가시광 응답형」광촉매**가 실용화되기 시작하였다.

이 새로운 고성능 광촉매는 국가의 대형프로젝트에 의해 산학 연계로 개발된 것이다. 가시광화에 의해 태양빛이 들어오지 못하는 건물 내부에도 광촉매가 점점 사용되기 시작하였다.

종래에는 광촉매 유리라고 하면 외장용으로 오염되지 않는·물방울이 맺히지 않는 셀프클리닝 강화유리라는 인식이 일반적이었지만, 최근에는 내장용 유리로서의 가능성도 높아지고 있다. 특히 실내의 약한 빛에서도 뛰어난 **항균·항바이러스 성능**을 나타내는 광촉매가 개발되어 이를 활용한 제품화가 시작되었다.

가시광에 반응하는 고감도 광촉매 재료로 산화티탄이나 **산화텅스텐**을 기반으로 하여 표면에 구리나 철계 산화물 나노클러스터를 조합하여 높은 활성을 내는 재료가 개발되었으며, 그 외에도 다양한 시도가 이루어지고 있다.

[2] 항균·항바이러스 유리

특히 가시광 조건에서 뛰어난 **항균·항바이러스** 활성을 나타내는 광촉매 재료로 산화티탄과 구리이온 클러스터를 조합한 소재가 개발되었다.

더욱 놀라운 것은 구리이온의 원자가 수(원소의 원자가를 나타내는 수치)를 제어하면 빛이 없는 상태에서도 **항균·항바이러스** 활성을 발휘하는 재료가 만들어져 이 분야의 획기적인 성과의 하나라고 주목받고 있다.

실험실 수준에서는 유리면에 부착한 감염력이 강한 **바이러스**가 빛이 없는 곳에서 1시간에 99.99%(4자리) 감소하고, 가시광을 조사한 경우에는 7자리 이상의 바이러스가 불활성화되는 것을 알았다.

이렇게 뛰어난 효과가 확인되었기 때문에 병원이나 **요양시설**, 보육시설, 공공시설 등 위생적인 환경이 요구되는 장소에 도입이 진행되리라 기대하고 있다.

제품으로는 일본판유리에서 「바이러스클린」이라는 세계 최초 **항균·항바이러스 유리**를 출시하였다.

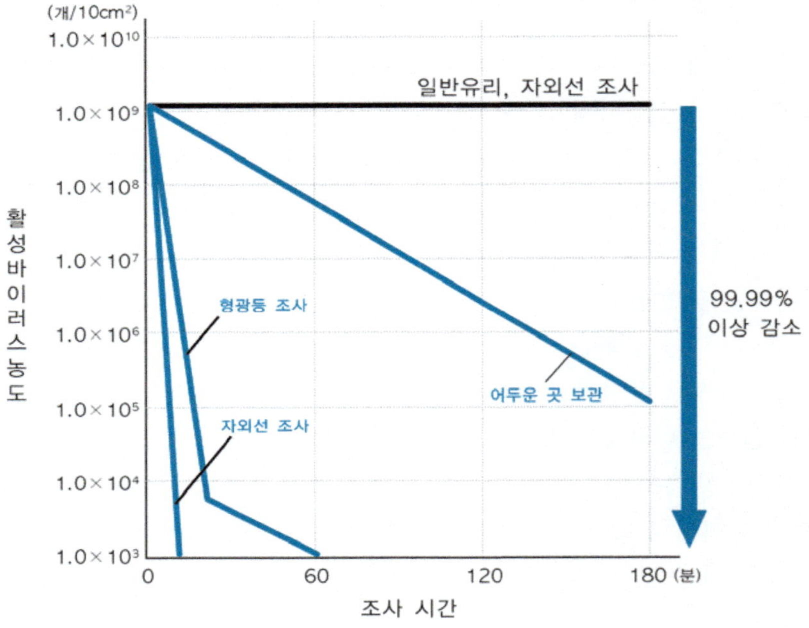

그림 2-20 가시광 광촉매 유리의 항바이러스 특성

그림 2-20에 가시광에 의한 광촉매 유리의 항바이러스 특성의 예를 소개하였다.

또한 이 유형의 새로운 광촉매는 유리뿐만 아니라 문의 고리나 손잡이처럼 불특정 다수의 사람이 접촉하여 감염이 확대될 위험이 높은 곳에 적용되리라 보인다.

[3] 항바이러스 커튼, 고부가가치 벽지 및 블라인드

내장 인테리어용 유리 외에도 벽면, 창면에 관련된 광촉매 제품이 확산되고 있다.

예를 들면 표면에 광촉매 가공을 실시하여 바이러스 감염 위험을 감소시킨 항바이러스 커튼이 발매되었다.

사용된 광촉매 소재는 쇼우와전공의 「루미레쉬(Lumi-Resh)」인데, 형광등이나 LED조명 등 실내조명에서 **인플루엔자 바이러스**와 네코카리시바이러스(**노로바이러스** 대체)를 99.9% 이상 불활성화하는 것이 확인되었다.

빛이 **커튼** 표면에 닿으면 공기 중 산소와 수분이 광촉매 표면에서 화학반응을 일으켜 이 때 발생하는 라디칼이 바이러스를 공격하여 파괴한다. 이 때 광촉매 소재 자체는 변화하지 않기 때문에 효과가 장시간 지속된다. 또한 세탁하여도 산화티탄이 떨어지지 않는 방안을 도입하였다.

벽지로는 광촉매 처리한 토사와시벽지의 「**토사라이트**」가 있다.

원래 **와시(일본종이) 벽지**는 비닐섬유벽지에는 없는 조습성, 조광성, 흡음성 등 기능면에서 우수한 특성이 있다. 이런 일본종이를 광촉매로 처리하면 공기 중의 **세균**이나 **유해물질**의 분해·제거, 담배냄새나 반려동물 냄새 등을 제거하는 기능이 더해져 고부가가치의 벽지가 될 수 있다.

일본의 일본종이제조의 전통기술과 광촉매의 과학기술이 융합된 독특한 제품이므로 앞으로는 일반주택뿐만 아니라 국내외 호텔, 숙박시설 등에 도입이 늘어날 것으로 예상된다.

창문 주변과 관련한 광촉매 제품으로 블라인드도 일찍이 제품개발이 진행되었다. 블라인드의 날개 표면에 광촉매를 코팅하면 기름때 등 유기계 오염물질을 분해·제거할 수 있다.

또한 항균, 탈취효과, **곰팡이 발생 억제** 효과도 갖게 된다.

기후현에 있는 MOLZA(주)라는 일본종이제조업체가 산화티탄 처리 일본종이를 사용한 블라인드를 시판하고 있는데 좋은 평판을 얻고 있다(그림 2-21).

출처 : MOLZA(주) HP

그림 2-21 광촉매 일본종이로 만든 블라인드

최근에는 **가시광 응답형 광촉매**를 사용하여 실내의 빛에서도 **더러움 방지**, 항균, 탈취효과가 있는 블라인드도 제품화되었다.

[4] 실내공기를 깨끗하게 하는 광촉매식 공기청정기

여기까지 소개한 내장용 유리, 커튼, 벽지, 블라인드 등의 항균·항바이러스, **탈취**, 더러움 방지 작용은 광촉매를 코팅한 재료의 표면에 부착한 세균이나 바이러스, 포름알데히드 등의 유해물질만을 분해·제거하는 작업으로 실내 공기정화의 관점에서 볼 때 적극적인 방법이라고 이야기할 수 없다.

이와 비교하여 **공기청정기 필터**에 광촉매를 활용하는 것은 더욱 적극적으로 실내공기를 깨끗하게 하려는 시도이다.

일반 가전제품으로 **광촉매식 공기청정기**가 다이킨공업을 비롯한 여러 대기업에서 출시되었으며, 최근에는 보다 강력한 정화성능이 요구되는 업무용 공기정화장치의 필터에도 광촉매가 활용되어 대학병원의 해부학교실, 병리검사실, 요양시설, 식품가공공장, 반려동물가게, 사무실의 흡연실 등 다양한 장소에서 공기를 깨끗하게 하는 데 기여하고 있다.

광촉매식 공기청정기의 구조는 ① 먼지와 분진을 제거하는 전처리필터, ② 유해물질이나 악취, 세균, 바이러스 등을 분해-제거하는 **광촉매 필터**, ③ 광촉매 반응을 일으키기 위한 광원, ④ 공기를 순환시키는 흡입팬의 4부분으로 구성되어 있다(그림 2-22).

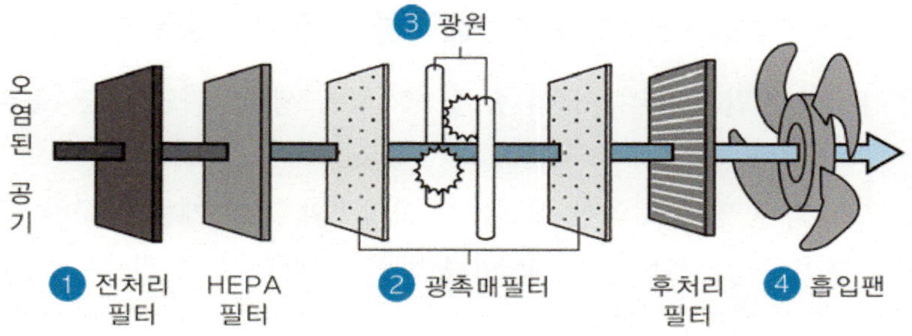

그림 2-22 광촉매식 공기청정기 구성도

공기 정화성능을 높이기 위하여 광촉매 필터는 가능한 표면적을 넓게 하여 제거하려는 물질과의 접촉효율을 최대한 높이는 연구가 진행되고 있다.

필터의 재질로는 허니컴구조의 종이 또는 세라믹, 유리섬유, 다공성의 알루미늄판 등이 이용되며, 다양한 방법으로 광촉매를 코팅하고 있다.

또한 광촉매 단독으로는 그 표면에 부착된 물질에만 반응할뿐 적극적으로 물질을 잡아주는 능력은 없기 때문에 필터에 **흡착제**를 조합하여 제거하려는 물질을 적극적으로 흡착하여 광촉매의 분해효율을 높이려는 연구도 진행되고 있다.

여기서 행해지고 있는 흡착제와의 하이브리드화는 하나의 대표적인 예로써, 광촉매를 활용한 응용 제품의 개발에 있어서 다른 기술과의 조합으로 필요한 기능을 비약적으로 높인 제품화를 실현하는 것이 큰 특징이다.

광원으로는 블랙라이트 또는 수은램프, 살균램프가 사용되었는데 최근 **LED(발광다이오드)**를 사용하는 경우도 많아졌다. LED를 사용하게 되면서 공기청정기 자체의 소형화, 소비전력을 절약할 수 있게 되었다.

광촉매방식이 아닌 기존의 공기청정기의 경우, 필터에 트랩된 물질은 분해되지 않고 서서히 필터의 성능을 저하시키며, 세균이나 바이러스 등은 필터에서 증식하여 다시 외부로 방출될 위험성도 있다.

반면 광촉매식 공기청정기는 광촉매 반응에 의한 분해제거 능력으로 필터의 성능이 저하되지 않아 항상 실내공기를 깨끗하게 유지할 수 있다.

[5] TOTO와 함께 화장실 문제 해결을 시도한 이유

주거공간에서 사람과 반려동물이 함께 쾌적하게 생활하려면 **살균**, **탈취**, 오염방지 등이 공간 곳곳에서 요구된다.

저출산 고령화의 영향도 있어 실내에서 고양이와 작은 개를 비롯한 다양한 반려동물을 기르는 가정이 증가하고 있는 반면, 아파트 같은 건물은 밀폐화되고 있어 생활공간의 살균, 탈취에 대한 요구가 늘고 있는 것은 필연적이라 할 수 있다.

그 중에서도 부엌이나 화장실 등 물 주변을 청결하게 유지하는 것은 쾌적한 생활에 필요하다. 사실 광촉매 응용 개발의 시작은 1990년대에 Tokyo대학 Fujishima연구실이 있던 공학부 5호관 화장실을 이 기술로 깨끗하게 할 수 있느냐는 것이었다. 그리고 위생도기 제조업체 TOTO와 Tokyo대학이 이 문제를 공동으로 해결하려고 시도한 것이 광촉매의 발전으로 연결되었다.

현재는 주택의 화장실뿐만 아니라 공공시설의 화장실 소변기 아래의 타일에도 사용하고 있다.

특히 오염물이 부착하기 쉽고, 화장실 냄새의 원인이 되는 부분이기 때문에 전문용어로 "**쉽게 더러워지는 타일**"이라 부른다. 이 타일에 광촉매 기능을 첨가한 것이 학교, 오피스건물, 역 등 교통시설의 화장실에 널리 사용되고 있다.

또한 **어린이집**, 유치원 등에서 이 타일을 도입하는 경우, 표면에 발의 위치를 인쇄하는 등으로 화장실 에티켓 교육에도 도움이 될 수 있다.

화장실의 더러움이나 냄새까지도 방지할 수 있도록 개발된 대형 타일은 확실한 효과 때문에 1장에서 언급한 바와 같이 병원의 수술실, 역 구내의 벽이나 상업시설의 조리실에 많이 설치되고 있다.

[6] 광촉매 살균탈취장치 「루미네오」

주거공간의 살균·탈취에 관해서는 광촉매식 공기청정기뿐만 아니라, 보다 좁은 공간에 치밀하게 대응할 수 있도록 소형으로 휴대 가능한 광촉매 살균탈취장치 「루미네오」가 유빅스 광촉매 기술을 응용하여 막셀(Maxell, 기업)에서 제품화되었다(그림 2-23, 그림 2-24).

이 제품의 특징은 특수 기공 구조의 **광촉매 티탄망 필터**를 사용하는 점이다.

이 **광촉매 티탄망 필터** 제조법은 얇은 티타늄판을 반도체 가공에 사용하는 **포토레지스트(phtoresist)** 가공기술을 사용해 벌집 모양 구멍을 양면으로 뚫어 구멍 속에서 공기의 흐름이 난류가 되도록 가공하였다. 다공성 티타늄판을 전해 산화시켜 표면을 산화티탄으로 만들고 그 위에 산화티탄 나노입자를 소결 고정하였다.

광원은 LED를 사용하기 때문에 소형이면서 탈취효과가 우수하다. 신발장, 옷장, 화장실 등 냄새가 걱정인 곳에 두는 것만으로 효과를 발휘한다. 자동차에 탑재하여 자동차 내부의 냄새도 제거할 수 있다.

이 **광촉매 티탄망 필터**는 **냉장고** 내부 냄새제거, 특히 김치냄새 제거에 효과가 있어 글로벌 가전기업도 관심을 보이고 있다.

앞의 주택 외벽의 광촉매 타일 부분에서 광촉매 제품은 기능성과 함께 미관, 디자인성이 중요하다고 이야기하였는데, 건물 내부에서 활용되는 광촉매 제품에서도 같은 이야기를 할 수 있겠다.

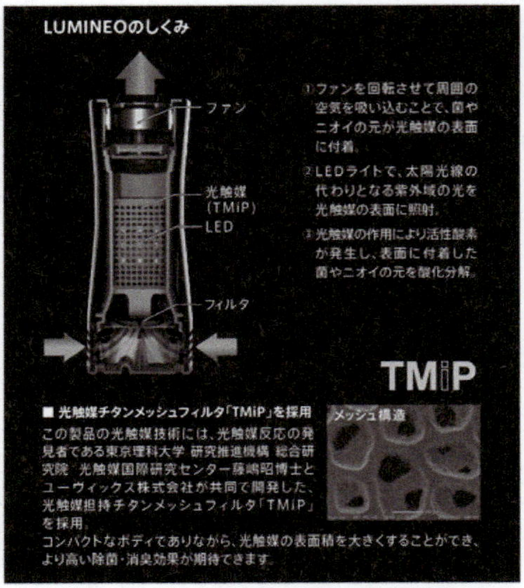

출처 : 막셀(주) 광촉매 살균탈취장치 「루미네오」 MXAP-PCA100 카탈로그

그림 2-23 소형·광촉매 살균탈취장치(루미네오)

그림 2-24 루미네오의 내부 구조(광촉매 티탄망 필터와 자외선 LED)

이것은 원래 제품화의 출발점이 광촉매 과학에 의해 쾌적한 생활의 실현을 지원하기 위함이었기 때문에 이 목표를 달성하기 위해서는 기능성과 디자인성 모두 뛰어난 제품이 되어야 한다는 것은 당연한 이야기일 것이다.

Column

「3F」로 가자!

이전에 중국의 젊은이와 중국 전통적 무대예술 「경극(京劇), Peking Opera」에 대해 이야기한 적이 있다.

「경극」의 가르침에 「臺上一分鐘, 臺下十年功」라는 말이 있다.

배우가 무대에서 1분밖에 연기할 수 없더라도 사람들 앞에서 1분간 공연을 잘 하기 위해서는 어떻게 해야 할지를 무대 아래에서 10년간 꾸준히 연습하지 않으면 안된다. 이것이 「臺上一分鐘, 臺下十年功」의 의미이다. 게다가 기초부터 꾸준히 훈련하는 사람만이 무대에 오를 수 있고, 그것도 처음에는 아주 짧은 시간만 공연할 수 있다는 것이다.

이것은 모든 일에 공통되는 것이다. 육상의 Y. Kiryu 씨는 100 m를 9.98초에 달렸다. 매일 노력하였기에 뛰어난 성과를 낸 것이다. 세상에 노력하지 않고 달성할 수 있는 일은 절대 없다. 기초부터 매일 꾸준히 단련(鍛錬)할 수밖에 없는 것이다. 그렇다면 「단(鍛)」은 무엇일까?

M. Miyamoto는 「3년간 쉬지 않고 진지하게 훈련하는 것을 『단』이라 한다」고 말했다.

그렇다면 「련(錬)」은 어떻게 하면 될까? 「30년간 꾸준히 하지 않으면 안된다」고 M. Miyamoto가 『五輪書』의 「水之巻」에서 가르쳐주고 있다.

저자는 「3F」가 중요하다고 생각한다.

Fujishima의 머리글자 「F」로 시작하는 세 단어로 그 중 가장 중요한 것이 "Fight(역자주 : Be active!)"로 무엇이든 적극적으로 하려는 마음이다.

그 다음은 "Fair", 어떤 일이든 공정성이 있어야 한다.

그리고 마지막은 "First", 즉 인간으로서 일류의 사람이 되어야 한다. 이것이 전부이다.

Fight를 가지고 Fair하게 그리고 인간적으로 First가 된다. 이 「3F」를 항상 마음에 새겼으면 한다.

제 3 장

광촉매가 공항이나 고속전철에 어떻게 이용되고 있나?

3-1 공항, 항공컨테이너 등 하늘길을 지원하는 광촉매

[1] 츄부국제공항에서 17,000 m^2 유리에 채택

제2장에서 Tokyo이과대학 카츠캠퍼스 도서관 1층에 있는 이과대학 과학전시장에서 광촉매 유리창의 셀프클리닝 효과를 체험할 수 있다고 언급했다.

이 **광촉매 유리**가 최근 항공노선의 중심이 되는 공항 터미널 빌딩에도 도입되었다.

예를 들어, 제2장의 그림 2-14(62쪽 참조)에서 나타낸 바와 같이, 츄부국제공항(센트레아)의 활주로에 접한 약 17,000 m^2의 유리에 채용되고 있다.

비가 올 때 가본 적이 있는데, 일반 유리와는 전혀 다르게 물방울이 맺히지 않고 경치가 선명하게 보였다. 유리가 잘 더럽혀지지 않아 청소 횟수를 줄일 수 있으며, 청소에 필요한 세제와 물의 절약으로도 이어져 츄부국제공항에서는 환경을 배려한 에너지 절약, 자원 절약을 적용한 좋은 예로 자리매김하고 있다.

또한 키타큐슈공항 터미널 빌딩에서는 항공기의 배출가스 등에 의해 오염될 가능성이 높고 미관을 유지하기 위해서 청소를 꼭 해야 되는 부분에 광촉매 유리를 채용하고 있다(그림 3-1).

출처 : TOTO 손님용 환경커뮤니케이션 사이트 그린 저널 Vol.5 HP

그림 3-1 키타큐슈 공항터미널 (광촉매 유리)

또한 나리타국제공항 제1터미널의 지붕 **텐트 소재**에도 사용되고 있으며(그림 3-2), 해외에서는 베트남의 수도 하노이에 있는 노이바이국제공항 제1터미널에서 광촉매의 **항균·탈취효과**를 검증하였다(그림 3-3).

출처 : Taiyo공업(주) HP

그림 3-2 나리타국제공항 제1터미널 (광촉매 텐트)

출처 : Noi Bai International Airport HP

그림 3-3 노이바이 국제공항 제1터미널 (베트남)

홋카이도의 신치토세공항에서는 터미널 건물의 화장실에 기존 제품보다 항균·항바이러스 성능을 높인 광촉매 타일이나 대형 세라믹 패널이 사용되어, 냄새제거 효과와 간단한 유지 보수 특성을 볼 수 있다.

[2] 인플루엔자 바이러스에 효과

신치토세공항에서는 신종 인플루엔자 바이러스에 의한 전염방지 조치의 하나로 광촉매에 의한 바이러스 비활성화에 관한 대규모 실증실험도 이루어졌다.

공항 2층 로비 곳곳에 300대 이상의 자외선 LED 탑재 공기정화시스템을 설치하고, 더욱이 건물 전체 공기정화 시스템에도 광촉매 필터를 도입했다.

그 결과 실험실 수준에서 99.99% 이상으로 매우 높은 **항균·항바이러스 성능**을 발휘하는 것으로 나타난 광촉매가 공항 터미널 빌딩이라는 실제 공간에서도 뛰어난 **항균·항바이러스 성능**을 가지는 것이 확인되었다. 따라서 향후 각지의 공항에 도입될 것으로 기대되고 있다.

불특정 다수의 사람들이 많이 오가는 공항 터미널은 감염병(전염)의 확대 위험과 그에 대한 사람들의 불안이 커지는 곳이기도 하다. 감염병을 철저히 방지하는 대책의 하나로 광촉매 기술이 조금이나마 공헌할 수 있기를 바란다.

일본 국토교통성항공국의 자료에도 환경친화적인 공항의 실현을 위해 공항 내 여러 곳에 광촉매를 도입해 나갈 방침이라고 한다.

[3] 광촉매가 항공운송에 도입된 세계 최초의 사례

청과물, 생선, 화훼 등 다양한 생물상품이 국내선 또는 국제선 항공 노선에서 수송되고 있다. 생물상품의 운송에 있어서 가장 중요한 점은 어떻게 신선도를 유지할 것인가이다.

야채와 과일 중에는 숙성될 때 방출하는 **에틸렌** 가스에 의해 신선도가 현저하게 저하하는 것으로 알려져 있다.

그 외 상품도 공기 중에 존재하는 곰팡이나 세균류가 증가하면 부패가 진행되어, 악취를 내는 원인이 되기도 한다.

이러한 문제를 줄이고 가급적 농산물의 신선도를 유지하면서 공수하기 위해 광촉매 적용 **항공컨테이너(항공화물)**가 개발되고 있다.

JALCARGO에서는 2004년부터 광촉매 컨테이너를 이용하고 있다.

이러한 사례로 새벽에 사가현에서 채취한 잘 익은 딸기를 후쿠오카-하네다 항공편의 항공화물을 이용하여 그 날 저녁에는 Tokyo 시내의 슈퍼마켓 매장에 들여 놓을 수 있게 되었다.

이는 광촉매 기술이 항공수송에 도입된 세계 최초의 시도로 수송 방법을 홍보하기 위하여 새로운 로고도 만들어졌다. 또한 경제성장이 두드러진 아시아 각국으로 일본의 고급 과일인 딸기, 멜론, 체리, 복숭아, 사과 등을 수출하는 것으로 이어지고 있다.

3-2 고속전철(신칸센) 등 철도를 지탱하는 광촉매

[1] 세라믹 광촉매 필터란?

제2장에서 언급한 바와 같이 **광촉매식 공기청정기**의 심장부라고도 말할 수 있는 **광촉매 필터**에는 다양한 소재가 실용화되어 있지만, 그 중에서도 상업용 필터로는 세라믹 소재가 보급되고 있다.

세라믹 광촉매 필터는 성능이 열화되어도 세척하면 다시 사용할 수 있도록 만들어져 있으며, 장기간 사용을 감안할 때 유지비용도 줄일 수 있다. 그 때문에 지금까지 실제로 많은 곳에 도입되고 있다.

냄새의 농도가 비교적 낮은 곳인 병원이나 복지시설, 호텔, 레스토랑, 사무실, 창고 등에 설치되어 있다.

또한 연구소의 동물실험시설이나 식품 가공공장, 쓰레기 처리장, 동물 사육장, 가축배설물 처리시설처럼 냄새가 고농도로 강한 장소에도 도입이 진행되고 있다.

이와 같이 다양한 장소에서 사용가능한 것은 처리해야 할 대상이 되는 악취성분의 농도 및 발생상황에 맞게 적절한 필터 설계 등을 실시하고 있기 때문이다.

[2] 「노조미 N700계」 흡연부스에서 활약하는 광촉매식 공기청정기

세이와공업과 공동개발한 광촉매식 공기청정기가 다양한 장소에서 활약하고 있는데, 안데스전기의 협력으로 토카이도산요 고속전철(신칸센)에 도입되었다(그림 3-4, 그림 3-5).

그림 3-4 **고속전철(신칸센) 흡연실**

그림 3-5 **고속전철 흡연실의 공기청정기 필터**

토카이도산요 고속전철의 차량이 전면 금연화되면서, 데크부분에 **흡연부스**를 설치하게 되었지만, **흡연부스**에서 담배연기와 냄새가 차량 쪽으로 새어나와서 전면 금연의 의미가 없어져 버렸다.

그 때문에 흡연장소의 담배연기와 냄새를 최대한 제거하는 것이 가장 중요한 과제로 떠올랐다.

시대적 배경으로는 간접흡연으로 인한 인체의 영향이 건강 문제로 대두되면서, 흡연장소의 분리 의식이 높아진 것을 들 수 있다.

또한 단순히 목적지에 빨리 도착하는 것뿐만 아니라 건강하고 쾌적한 시간을 보낼 수 있는 이동공간이 요구되는 것도 고성능 공기청정기의 도입이 검토된 큰 요인이다.

기존 흡연장소의 분리 대책으로 전기집진기 등이 사용되었는데 눈으로 연기가 제거되는 것을 볼 수는 있었지만, 연기 중에 포함된 **암모니아**와 알데히드류를 제거할 수는 없었다.

이에 반해 광촉매 방식의 경우 이들 유해 가스성분까지 분해 제거할 수 있기 때문에 고속전철의 흡연실에 사용되는 것이다. 고속전철을 타고도 보통은 전혀 광촉매의 존재를 알 수 없지만, 흡연실의 천장에 숨겨져 있는 환경 정화장치 필터의 표면에서 광촉매 반응이 일어나 공기를 깨끗하게 유지하는 일을 하고 있다.

고속전철을 안전하고 편안하게 달리게 하기 위해서 실로 많은 사람과 장비가 항상 정상적으로 일을 하고 있지만, 광촉매가 그 일원이 되어 있다는 것을 생각하면 꽤 자랑스러운 느낌이 든다.

[3] 역플렛폼의 지붕과 흰 텐트 재료

최근 역플렛폼 지붕과 역전 광장 통로의 지붕 등에 흰 **텐트 소재**의 사용 사례가 늘고 있다. 예를 들어, 도큐덴엔도시선의 후타코타마가와역이나 타카츠역, 토큐토요코선의 모토스미요시역, 쯔쿠바익스프레스선의 나가레야마 오오타카노모리역, JR 이와키역 등 많은 역에 적용되어 있다(그림 3-6).

출처 : Taiyo공업(주) HP

그림 3-6 JR 이와키역 텐트 지붕

흰 텐트 소재는 지붕 아래 실내가 밝아지므로 조명의 가동률을 낮춰 에너지 절약에 도움이 된다. 또한 햇빛을 잘 반사하기 때문에 여름철의 실내 온도 상승도 억제해주고 있다.

그러나 이전에는 역청사 등에 흰 텐트 소재는 별로 사용하지 않았다. 쉽게 얼룩이 생겨 미관을 해치게 되고 동시에 표면이 더러워지면 실내 밝기와 온도 상승 억제효과 등 흰 텐트 사용 장점도 잃어버리기 때문이다.

그래서 표면을 광촉매 코팅하여 셀프클리닝 효과를 부가하여 흰 텐트 소재의 장점을 살려주면서 가볍고 질긴 텐트 소재의 가능성을 넓혀 가고 있다.

또한 기차역은 주변 도로가 모이는 장소에 있는 경우가 많기 때문에 자동차의 배출가스에 포함된 **질소산화물(NOx)**을 분해하여 공기를 깨끗하게 하는 광촉매 효과도 유효하게 작용하는 장소이며, 역청사의 개보수시기에 맞추어 앞으로 더욱 보급될 것으로 기대한다.

텐트 소재는 건축 디자인적으로도 자유도가 높은 독특한 재료이므로 흰색을 기조로 한 개성적인 역청사가 전국에 생기게 되면, 일본의 도시 경관도 더욱 밝아지지 않을까?

[4]「광촉매 페인트」로 역청사를 깨끗하게

역 주변에는 자동차 등이 많이 모이기 때문에 역청사의 벽이 쉽게 얼룩질 수 밖에 없다. 그래서 몇 년 전부터 광촉매 도장면의 청결 상태를 매년 비교하는 조사를 진행하였다.

JR 히로시마역에 몇 개 회사의 테스트 페인트의 시험 사례가 알려져 있으며, 효과가 있는 **광촉매 페인트**가 사용되고 있다.

[5] 역 구내의 화장실에도 응용

공공시설의 화장실을 깨끗하고 쾌적하게 유지하는 것은 어렵다. 그 중에서도 역의 화장실은 많은 사람이 이용하므로 관리가 어렵다. 깨끗하고 쾌적한 화장실이 있는 역이 늘어나면, 2020년 Tokyo올림픽과 패럴림픽을 목표로 일본의 이미지 제고로도 이어질 것이다.

TOTO에 따르면 이미 광촉매 기능을 이용한 화장실이 도입된 사례로 토카이도산요 고속전철의 신오사카역(그림 3-7), 토큐토요코선의 지유가오카역, Tokyo 메트로 마루노우치선의 나카노후지미쵸역 등이 있다.

출처 : TOTO(주) HP

그림 3-7 토카이도산요 고속전철 신오사카역 구내 화장실에 도입

도입 후 「화장실 냄새가 줄어들었다」라는 의견이 많다. 원래 화장실은 오염이 심한 장소이므로 청소 횟수를 줄이고 유지보수 비용을 줄여 나가는 것이 쉽지 않지만, 자동청소기능을 추가하는 등 앞으로도 검토해야 할 사항들이 많이 남아 있다.

3-3 도로면과 도로주변을 깨끗이 하는 광촉매

[1] 배수성을 높이는 「고기능 포장」 도로

최근 도로 포장기술이 고기능화되고 있다는 것을 알고 있는가?

비오는 날에 고속도로 등을 달리고 있으면, 물보라가 생겨 앞을 쉽게 볼 수 없는 곳이 있는 반면, 어떤 구간에서는 표면에 빗물이 고여 있지 않고, 물보라도 튀지 않기 때문에 시야가 좋은 곳이 있다는 것을 눈치챈 사람도 많을 것이다. 이것이 **고기능 도로포장**이라는 것으로 도로포장의 표층 부분에 기존보다 공간을 많게 하여 배수성을 높였기 때문이다.

내린 비가 노면에 모이지 않고 그 틈새에 침투하기 때문에 자동차가 만드는 물보라를 크게 줄여 시야가 양호하게 유지된다.

고기능 도로포장의 장점은 그것에만 그치지 않는다. 주행 중인 자동차에서 나는 소음은 자동차가 많은 장소일수록 주변지역의 환경에 악영향을 미치지만, 틈새가 많은 고기능 포장 부분에서는 이러한 소음을 흡수하여 줄일 수 있어 환경대책의 효과도 있다.

[2] 도로면의 공기를 깨끗이 하는 「포토로드공법」 이란?

이처럼 뛰어난 기술인 **고기능 도로포장**을 한층 업그레이드시키는 데 성공한 것이 광촉매를 이용하여 도로면의 공기를 정화하는 「**포토로드공법**」이다.

배수성이 높은 틈새가 많은 **고기능 도로포장**의 표면을 특수 시멘트계 고정화재를 이용하여 광촉매를 코팅함으로써, 자동차의 배출가스에 포함된 **질소산화물(NOx)** 등의 오염물질을 분해하여 제거할 수 있다.

자동차에서 나온 배출가스가 대기 중으로 널리 확산되기 전에 도로면의 근처에서 제거하려는 발상이 훌륭하다.

꽤 오래 전의 일이 되었지만, 이렇게 개발된 후지타 도로가 닛케이 BP 기술상(2004년)과 제1회 Eco-products 대상(2004년)을 수상하였다.

[3] 「NOx」 제거를 위한 특별한 유지 관리가 필요없다

NOx는 대기오염을 일으키는 물질로서 **일산화질소(NO)**와 **이산화질소(NO_2)**로 이루어져 있다.

대기오염의 상시 감시에서는 이 두 물질의 합을 모니터링하고 있다. 자동차에서 배출된 NOx는 노면에 코팅된 광촉매와 태양광의 작용에 의해 산화되어, 광촉매 고정제의 주성분인 칼슘과 결합하여 중성의 질산칼슘으로 일단 도로 표면에 고정된다.

여기에 비가 내리면, 이 질산칼슘은 무해한 질산이온과 칼슘이온으로 씻겨 내려가 도로표면은 원래 상태로 돌아간다.

「포토로드공법」의 가장 큰 특징은 일단 시공이 완료된 후에는 외장용 광촉매 타일과 마찬가지로 공기를 정화하기 위한 에너지원은 태양광과 빗물이라는 자연의 힘 뿐이며, 전력 등의 동력이나 특별한 유지관리가 필요하지 않다는 점이다.

또 다른 장점은 도로표면에 광촉매를 코팅하여 도로의 내마모성이 향상되는 것을 들 수 있다.

「포토로드공법」은 일본국내기업이 협력하여 공동개발한 기술로 지금까지 환상 7호선, 메이지선(Tokyo도), 국도 14호와 16호, 지방도로 이치카와우라야스선(치바현), 사이타마 신도심내, 히카와 신사 참배길(사이타마현), 아나가사시 모토하마녹지내(효고현) 등 다수의 실적이 있다.

또한 해외에서는 파리(프랑스), 베르가모(이탈리아), 앤트와프(벨기에) 등의 도시에서 실증실험으로 좋은 성적을 얻고 있다고 한다.

「모든 길은 로마로 통한다」며 제국 내 구석구석까지 군사도로를 계속 만들어 나간 옛 로마인을 생각하면서, 언젠가 세계의 도로에 포장된 광촉매가 공기를 정화하는 날을 꿈꾸어 본다.

[4] 터널 내부 정체 해결! 광촉매 코팅 터널 조명기구

죠신에츠자동차도로는 1998년 나가노올림픽 개최에 맞춰 건설되었으며, 그때 처음으로 광촉매를 코팅한 터널 조명기구가 사용되었다.

평소 고속도로의 터널을 통과하면서 조명기구에 신경 쓰는 사람은 적을 것으로 생각하지만, 터널 부근에서 차선 통제가 행해지면서 정체에 휘말려 곤란했던 경험이 있다면 누구나 조명기구가 생각날 수도 있을 것이다.

자동차의 배출가스에는 NOx뿐만 아니라 오일과 카본 등도 포함되어 있기 때문에, 터널의 조명기구는 그을음으로 검게 얼룩지기 쉬워 밝기가 감소하는 문제가 있다.

어두운 터널에서는 사고의 위험이 증가되기 때문에 정기적인 청소로 그을음을 제거한다. 즉 안전을 위해 터널 내 조명기구를 정기적으로 청소해야 할 필요가 있으며 이를 위한 차선 통제 등으로 정체를 촉발시키며, 청소원의 작업은 항상 위험에 처하게 되는 문제를 일으킨다.

이러한 상황을 완화하기 위한 방안의 하나로 터널 내 조명기구의 커버 유리를 광촉매의 **셀프클리닝 기능**을 갖게 하는 것이 일본도로공단의 R. Soma 씨를 중심으로 제안되어 실증실험을 거쳐 나가노올림픽 때 실현한 것이다. 1996년에 우리 연구진은 이 성과를 계기로 일본 사단법인조명학회로부터 「일본조명상」을 받았다.

응용연구를 시작한 초기에는 「오염물질을 산화분해하여 저감시키는 것만의 기술」라든지, 「세상에 있어도 그만, 없어도 그만인 기술 아닌가?」라는 소리도 들려왔지만, 그것이 고속도로의 정체극복이나 작업원의 안전성 향상에 조금이라도 도움이 된다는 것은 연구그룹의 연구 동기를 더욱 높이는 데에도 연결되었다.

스스로 빛을 내는 광원인 조명기구와 반응에는 반드시 빛이 필요한 광촉매와의 궁합이 잘 맞아 떨어진 것이 고속도로 터널 내부라는 어려운 상황에서 증명된 것으로, 그 후 조명기구의 오염방지효과 기술은 도로(신호나 신호보조)등이나 가로등과 같이 도로 주변의 옥외 조명기구에 적용되어 갔다.

이 사례에 의해 당시 도시바라이텍의 A. Ishizaki 씨 중심으로 연구가 진행되어 새로운 광촉매 코팅 형광등이 개발되었다. 형광관의 표면에 광촉매 박막을 코팅하는 것으로 현재도 시판되고 있다.

[5] 방음벽, 도로 표지판 등 간판은 보물의 산?

터널 내부 **조명기구**는 스스로 광원이 되어 광촉매 반응의 효과를 이끌어내지만, 그 외의 도로 주변의 각종 자재에서는 태양광과 강우라는 자연에너지를 활용하여 광촉매 반응효과를 얻을 수 있다.

예를 하나 들면, 고속도로에 설치된 폴리카보네이트 투명 방음벽이 있다. 투명하다면 자동차를 타고 가는 사람도, 주변 주민들도 시야를 확보할 수 있어 답답함을 줄이는데 도움이 된다.

그러나 자동차 배출가스 등으로 더럽혀져 투명하지 않아 오히려 경관을 손상시키는 곳도 적지 않다고 들었다.

이런 곳에 광촉매를 코팅하여 셀프클리닝 효과를 갖게 하면 시야 확보에 도움이 된다. 마찬가지로 잘 더럽혀지지 않는 도로 표지판, 시선 유도판이나 **도로 반사경** 뿐만 아니라 길가의 간판 등에 응용도 추진되고 있다(그림 3-8).

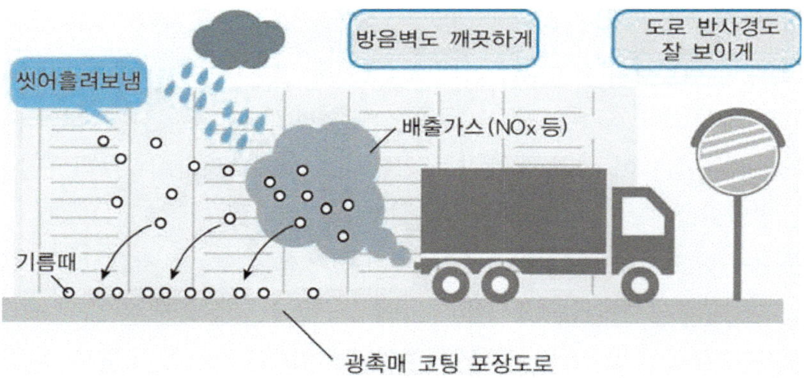

그림 3-8 도로면이나 길가에 다양하게 응용된 사례

향후 더 나아가 **도로반사경** 등의 응용이 추진되길 기대하고 있다. 도로반사경은 비나 눈, 안개 등의 날씨에는 흐려지기 쉬워 시야 확보가 어려운 면이 있다. 도로의 안전성 향상의 관점에서도 중요한 응용 분야이다.

[6] 「교량랩핑」으로 고가도로 아래를 밝고 즐거운 장소로

로마 제국 내에서 구석구석까지 계속 만들어 나간 군사도로에서는 다리가 중요한 요소였으며, 오늘날에도 도로에서 교량의 중요성에는 변함이 없다.

또한 현대는 도로 위에 고가도로를 놓아 여러 층의 도로를 통과시키는 곳도 많다.

이러한 고가도로에는 안전을 위한 보수 점검, 미관 유지를 빼놓을 수 없는데 실제로는 오염이나 노화에 의해 어두컴컴하거나, 외지거나 위험한 장소로 변해 버려 주변 도시 전체의 경관에도 어두운 인상을 주는 장소를 더러 볼 수 있다.

Tokyo를 둘러보면 수도고속도로를 비롯해 가급적이면 Tokyo올림픽 전에 좀 더 밝은 경관의 고가도로로 만들 수 없을까 하는 생각이 든다.

이런 과제 해결책의 한 방법으로 광촉매 코팅막 재료를 사용한 「**교량랩핑(막식교량외장공법)**」이라는 독특한 기법이 타이요공업에서 제안되어 실용화가 시작되고 있다.

광촉매 막재료에 대해서는 제2장 건축분야의 응용에서 소개하였으며, 일본에서 세계 각국으로 보급하고 있다. 이것은 하얗고 자유로운 형상이 가능하기 때문에 디자인 특성이 요구되는 미술관이나 상업시설, 공공시설에서도 많이 채용되고 있다.

고가도로에 대해서도 지금까지 철 등의 금속이 노출된 회색빛의 어두운 이미지로부터 탈피하여 흰 막재료의 곡면으로 구성되는 밝고 쾌적한 경관으로 바꿀 수 있다.

또한 가볍고 부드러움이 막재료의 특징이므로 적은 기둥으로 3차원적으로 다리를 감쌀 수 있다.

도시경관은 그곳에 사는 주민과 그곳을 찾는 여행객들에게 큰 심리적 영향을 미친다. 그러므로 하나의 다리나 고가도로 아래를 어떻게 처리하려는 개별적인 대응 이전에 도시 전체 인프라 디자인의 문제로 인식하고, 대국적인 관점에서 정비해 나가는 것이 중요하지 않을까 생각한다.

[7] 「교량랩핑」의 3가지 장점

「교량랩핑」의 장점을 정리해 보면, 환경개선 효과로 다음 3가지를 들 수 있다.

① 광촉매의 셀프클리닝 효과로 쉽게 더러워지지 않으면서 흰색을 유지하는 막재료는 빛의 반사율이 높고, 다리 아래의 공간 전체를 밝은 분위기도 바꿀 수 있다(그림 3-9).

② 교량을 막재료로 씌우는 것으로 자동차의 주행 소음을 줄이는 효과가 있으며, 더욱이 막재료에 의한 곡면은 바람을 원활하게 흐르게 하여 바람으로 인한 소리도 감소시킨다.

③ 배출가스에 포함된 **질소산화물** 등을 제거하고 주위의 공기를 정화하는 효과가 있다.

출처 : Taiyo공업(주) HP

그림 3-9 「교량랩핑 (막식교량외장공법)」의 장점

또한 내구성이나 안전성에 기여할 수 있는 장점으로, ① 교량을 막으로 덮기 때문에 금속부분이 녹스는 것 방지, ② 막으로 자외선을 차단하기 때문에 교량 본체 도장의 열화를 늦추어 재도장 등 유지보수 비용 절감, ③ 막재료의 내부는 구석구석까지 밝기 때문에 점검 작업 등을 원활하게 할 수 있는 등의 장점이 있다. 이 공법은 이미 일본 국토교통성 및 수도고속도로에서 인정을 받고 있다.

또한 지금 주목받고 있는 것은 막재료와 조명의 조합이다. 세계 각지에서 건설된 막구조건축물에는 빛을 부드럽게 투과하는 막의 특성을 살려 야간에 라이트를 켜기도 하고 영상을 투영하기도 하여 고유의 존재감을 자아내는 아이디어를 짜내고 있다.

「교량랩핑」에서도 향후 야간 조명효과를 포함하여 도시경관을 밝게 변화시켜 나가지 않을까?

[8] 토요타자동차의 고급차에 표준 장착된 사이드미러

도로나 도로 주변에 다양하게 응용되고 있는 광촉매가 자동차 본체에도 응용이 진행되고 있다.

하나는 사이드미러에 응용이다. 비오는 날 등 사이드미러가 흐려져 잘 보이지 않는 것은 안전성면에서나 쾌적한 운전의 관점에서 어떻게든 해결해야 할 과제였다.

광촉매의 **초친수성 효과**에 의해 물방울이 맺히지 않고 젖은 상태로 퍼지기 때문에 거울이 흐려지지 않아 양호한 시야를 확보 할 수 있다.

또한 어두운 곳에서도 비교적 친수성이 뛰어난 「**실리카**」를 첨가하여 빛이 없는 경우에도 **김서림 방지 효과**를 유지할 수 있도록 설계되고 있다. 현재는 토요타자동차의 고급차 등에 표준으로 장착되어 있고, 다른 제조회사의 승용차에도 보급되기 시작하고 있다.

건축분야에서 널리 응용되고 있는 셀프클리닝 효과가 자동차의 본체 코팅 분야에도 얼룩방지 코팅법으로 사용되기 시작하고 있다. 그러나 자가용차에 응용은 해결하여야 할 과제가 많기 때문에, 차체에 광촉매 코팅은 버스나 트럭부터 시작하는 것이 좋을 것 같다.

차내의 공기를 정화하는 관점에서는 제2장에서 소개한 휴대 가능한 크기의 **광촉매식 공기청정기**에 차량용 어댑터를 붙인 것 등이 만들어져 있다.

항공편의 응용에서 과일이나 화훼 등의 생물을 공수하기 위해 광촉매 코팅 항공컨테이너가 개발되고 있다는 점을 소개했지만, 마찬가지로 트럭에 의한 육상운송 시 신선도 유지에도 응용되고 있다.

발상의 우물을 마르지 않게 하는 독서의 권장

정보화 사회라고 불리는 요즘 인터넷이나 신문, TV, 잡지와 같이 세상에는 정보가 가득하다. 이런 시대이기 때문에 더더욱 그런지도 모르지만, 나 자신은 혼자 조용히 양질의 책을 차분히 읽는 시간을 일부러 가지고 있다.

다양한 아이디어는 이러한 시간을 거쳐 태어나는 것 같다.

이와나미 문고가 2017년 창간 90년을 맞이했다. 그 기념사업의 하나로 「도서」의 임시 증간호 「나의 책 세 권」이 출간되었다.

나도 Galile, T. Terada, Faraday의 세 사람을 추천했지만, 200명이 넘는 각계 쟁쟁한 분들의 책에 대한 추억이 전해져 와서 더욱 독서의 의욕을 북돋우는 책자가 되었다.

Tokyo이과대학의 학생들에게도 독서에 더욱 매진하길 바라는 마음에 가구라자카캠퍼스 식당의 한 모퉁이에 「신간문고」를 만들었다.

「신간문고」는 대학생이 세상의 여러 가지에 관심을 돌리는 계기가 되어, 더욱 새로운 독서의 길로 나아가기 좋은 계기가 되어주지 않을까?

이 「신간문고」가 큰 호평을 받아 노다, 카츠시카캠퍼스에도 「신간문고」를 설치하였다.

또한 독서를 즐기는 습관을 어릴 때부터 몸에 익혀 그로부터 「과학하는 마음」을 키워주길 바라면서 「어린이와 읽고 싶은 과학의 책장」(Tokyo서적 2013년)을 출간했다. 이 중 소개된 그림책 등을 추천 세트로 갖추어 초등학교 등에 기증하는 활동도 계속하고 있다.

제 4 장

광촉매의 「6대 기능」과 일상에서 많이 사용되는 제품

4-1 광촉매의 「6대 기능」이란

[1] 산화분해력과 초친수성

광촉매의 가장 큰 특징은 빛이 닿으면 재료표면에서 반응이 일어난다는 점이다.

광촉매를 응용한 제품군에서 활용되는 **광촉매 반응**은 크게 두 가지로 나눌 수 있다.

첫 번째는 재료표면에 부착되는 유기물 등을 산화분해하는 반응이다(그림 1-1 참조).

이 반응은 강력하고, 유기물이라면 상대를 가리지 않고 어떤 것에도 반응하여 최종적으로는 **이산화탄소**와 물로 분해해버리는 것이 큰 특징이다.

두 번째는 재료표면의 성질을 **초친수성**으로 변화시키는 반응이다. 초친수성이란 **발수성**과 정반대의 성질로 표면에 물방울을 만들지 않고 전체에 얇은 막 모양으로 물이 젖어 퍼지는 성질이다.

이 두 가지 반응을 응용하여 **깨끗한 환경**을 만들어 가자! 20세기형 환경 파괴를 멈추지 않는 과학기술과는 결별하고, 21세기형 그린케미스트리(친환경화학)의 일익을 담당하는 광촉매 과학을 창조하고, 실제 제품으로 인류의 건강과 행복에 도움이 되도록 하자! 라는 것이 광촉매 제품군 전체의 컨셉이다.

그래서 산업계에서 이 취지에 찬동하는 분들이 나타나 현재와 같이 다양한 제품군을 형성하는 데까지 성장했다.

그 제품군에는 주로 스스로 자신을 깨끗하게 하는 것과 주위의 환경을 깨끗하게 하는 것이 있다(그림 1-2 참조).

[2] 광촉매의 「6대 기능」과 전환점

이것을 기능면에서 세분화하면, 주로 스스로 자신을 깨끗하게 하는 제품군은 ① **항균·항바이러스**, ② **더러움 방지**, ③ **김서림 방지**와 같이 3가지로 나눌 수 있다(다만 뒷부분에 정리하였지만, **항균타일** 등에서는 자신뿐만 아니라 공간에 부유하는 세균까지 감소시키는 효과가 있는 것이 알려져 있다).

이에 대해 주위 환경을 깨끗하게 하는 제품군에는 ④ **탈취**, ⑤ **대기정화**, ⑥ **수질정화**의 3가지 기능을 가지는 것이 있다.

탈취와 대기정화는 공기를 깨끗하게 하는(air purification) 점에서는 마찬가지이지만, 대상 물질과 장소가 다르기 때문에 여기에서는 분리하여 생각해보자.

표 4-1에 각각의 사용 환경과 이용하는 빛의 관계를 정리했다.

표 4-1 「6대 기능」과 그 사용 환경에서 이용하는 빛의 관계

<table>
<tr><th rowspan="3">사용환경</th><th rowspan="3">이용하는 빛</th><th colspan="6">6대 기능</th></tr>
<tr><th colspan="3">자신을 깨끗하게 함</th><th colspan="3">주위 환경 정화</th></tr>
<tr><th>①항균·항바이러스</th><th>②더러움 방지</th><th>③김서림 방지</th><th>④탈취</th><th>⑤대기 정화</th><th>⑥수질 정화</th></tr>
<tr><td>옥외</td><td>태양광</td><td></td><td>○</td><td>○</td><td></td><td>○</td><td>○</td></tr>
<tr><td rowspan="2">실내</td><td>조명에 포함된 미량의 자외선</td><td>○</td><td></td><td>△</td><td>△</td><td></td><td></td></tr>
<tr><td>근자외선(전용광원)</td><td>○</td><td></td><td></td><td>○</td><td></td><td>○</td></tr>
</table>

지금까지 30년 이상 계속된 응용연구를 되돌아보면, 여기까지 오는 데에는 여러 전환점이 있었으며, 기초연구에서 돌파구를 마련하여 응용연구가 가속되어 기능이 확대되어 나갔다.

현재 다양한 제품군으로 이어지는 첫 번째 전환점은 지금까지 산화티탄이라는 광촉매 분말을 물에 혼합하여 거기에 강한 빛을 조사하던 것에서, 산화티탄을 얇은 막 모양으로 유리나 타일, 종이 등의 표면에 코팅하여 약한 빛에서도 효과가 있는 목표물을 찾은 점이다.

여기에 등장한 목표물이 세균이나 바이러스, 악취물질, 서서히 부착하는 기름때 등이다(그림 4-1).

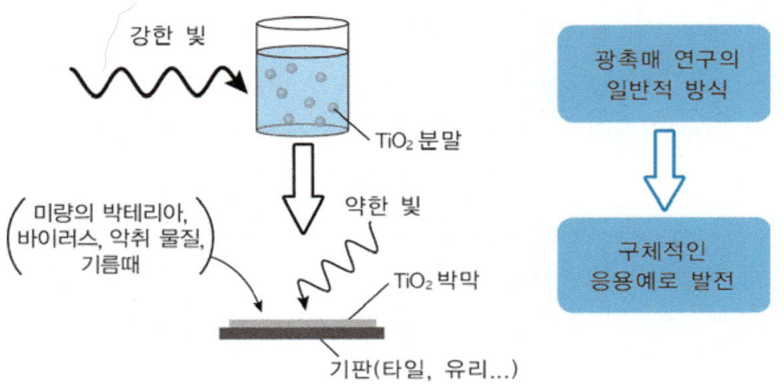

그림 4-1 **광촉매 연구의 큰 흐름**

이러한 목표물에 대해 확실한 효과가 입증되어 빛이 없는 장소에서도 효과를 지속시키는 연구 등으로 제품화가 진행되던 중 초친수성이라는 전혀 새로운 특성을 발견할 수 있었다.

이것이 표면의 더러움을 방지하는 기능을 향상시키는 것으로 발전하여, 제1장에서 소개한 건축분야의 응용으로 진행되었다.

산화티탄 분말을 종이에 혼합하여 악취물질이나 담배 냄새, 담배진을 분해하려는 연구는 공기청정기의 필터로써 실용화로 이어져, 세라믹 등 다른 재료의 광촉매 필터의 선구자가 되었다.

[3] 일반 주택으로 세계 최초! 저자의 광촉매 주택

또한 셀프클리닝 건축자재로 타일이나 **텐트 소재** 등을 개발해 나가던 중, 얼룩의 분해뿐만 아니라 대기 중의 **유해물질**을 제거하는 효과도 있는 것이 밝혀지고, 공기를 깨끗하게 하는 도로포장 기술도 확립되었다.

저자의 주택 외벽은 일반주택으로는 세계 최초로 광촉매를 도장하였으며(그림 4-2), 한 때는 버스투어로 견학 오는 사람들도 있었는데 제일 기쁜 것은 이 외벽이 계속 깨끗하게 유지될 뿐만 아니라, 대기 중의 유해물질을 분해하여 주변의 공기를 깨끗하게 정화하는 것으로 연결되는 점이다.

그림 4-2 저자 집 외벽의 광촉매 도장 (일반 주택으로는 세계 최초)

수질정화에 관해서는 아직 해결할 과제가 많지만, 농업분야에 있어 토마토 등의 **수경재배** 시 배양액의 정화 등으로 성과를 올리고 있다.

이렇게 서서히 「6대 기능」으로 성장해 온 지금까지의 적용분야의 제품군에 대해 다음 항에서 각각 설명하고자 한다.

4-2 6대 기능 ❶ 항균·항바이러스 효과

[1] 내성균의 급증, 높아지는 바이러스 감염병의 위협

지금까지의 항균제(항생물질)가 듣지 않는 약제내성균이 만연하여 국제 사회의 위협이 되고 있다. **WHO(세계보건기구)**는 특히 신규 항균제의 연구개발에 우선적으로 취급해야 할 12가지의 약제내성균의 목록을 발표하였다(표 4-2).

표 4-2 WHO가 발표한 신규 항균제의 연구개발 우선 순위가 높은 약제 내성균 목록

우선 순위가 가장 높은 종류(치명적)
· 아시네토박터·바우마니(카르바페넴 내성) · 녹농균(카르바페넴 내성) · 장내세균과 세균(카르바페넴 내성)
우선 순위가 두 번째로 높은 종류(고)
· 엔테로콕카스·훼슘균(반코마이신 내성) · 황색포도상구균(메치실린 내성, 반코마이신 내성) · 헬리코박터파일로리균(클라리스로마이신 내성) · 캄필로박터(플루오로퀴놀론 내성) · 살모넬라속균(플루오로퀴놀론 내성) · 임균(제3세대 세파로스포린 내성, 플루오로퀴놀론 내성)
우선 순위가 세 번째로 높은 종류(중)
· 폐렴연쇄상구균(페니실린 비감수성) · 인플루엔자균(암피실린 내성) · 이질균(플루오로퀴놀론 내성)

괄호 안은 내성을 나타내는 항생물질이나 항균제의 종류
출처 : 「일본경제신문」 2017년 4월 17일 조간 27면

또한 **신종 인플루엔자**와 **노로바이러스** 등에 의한 감염병의 유행, 에볼라 출혈열이나 에이즈 등의 신흥 감염병의 유입, 바이오 테러의 위협과 감염병을 둘러싼 위험이 우리들 가까이에서 문제가 되어 국제적으로 대책이 요구되고 있다.

이들 감염병에 대해서는 치료도 중요하지만 예방의 중요성이 지적되고 있으며, 에볼라 출혈열 등의 수입 감염증을 국제공항 등의 현장에서 즉각적으로 막는 노력이 계속되고 있다.

그러던 중 **항균·항바이러스** 효과가 실내 가시광에서도 유효하게 작동하는 신규 광촉매 재료가 개발되어 공항에서 대규모 실증실험도 추진되었기에 소개한다.

[2] 세균·바이러스의 불활성화뿐만 아니라 유기물로서 분해 제거

감염병을 일으키는 **세균**과 **바이러스**의 가장 큰 차이점은 그 크기이다. 세균은 1~10 μm의 크기인데 비해 바이러스는 그 1/50정도의 0.02~0.2 μm 크기이다.

세균은 단세포의 미생물로 자기증식할 수 있지만 바이러스는 핵산과 그것을 감싸는 막의 간단한 구조로 다른 생물(숙주)에 기생하지 않으면 자기증식할 수 없다(그림 4-3).

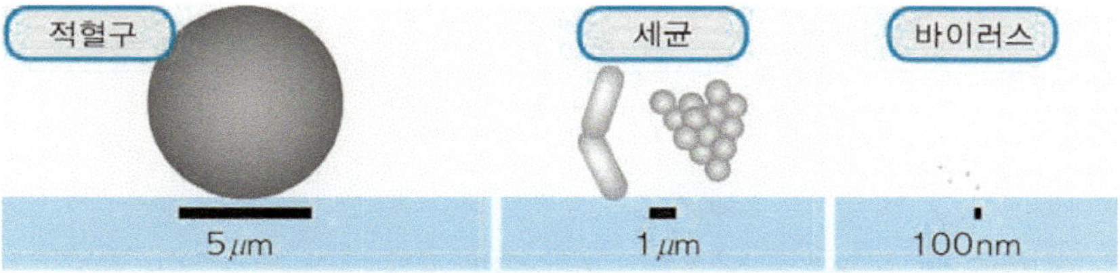

	세 균	바이러스
크기	1-10 μm	0.02-0.2 μm(20-200 nm)
생명활동	자력	숙주에 기생
핵산	DNA와 RNA 양쪽	DNA와 RNA의 어느 한 쪽
구조	단세포의 미생물	핵산과 단백질막
감염병	·식중독(대장균, 포도상구균, 살모넬라균) ·폐렴(폐렴구균, 결핵, 녹농균) ·성병(크라미지아, 임병) ·기회감염(녹농균, 세라치아, 포도상구균)	·인플루엔자 ·풍진, 수두·대상포진 ·감기(라이노바이러스, RS 바이러스) ·위장염(노로바이러스)

그림 4-3 세균과 바이러스의 특징

바이러스가 숙주 세포에 기생(감염)할 때에는 **인플루엔자 바이러스**의 경우 바이러스 표면에 있는 헤마글루티닌(hemmaglutinin, HA)이라는 단백질이 먼저 숙주세포에 흡착한다.

광촉매 반응의 산화분해 효과에 의해 이 HA 단백질에 변성이 일어나면 인플루엔자 바이러스는 숙주에 흡착할 수 없다. 숙주에 침입하여 자신의 핵산을 증식시키려는 바이러스의 목적(사람에서 보면 감염)도 수행할 수 없게 된다.

따라서 **바이러스의 불활성화**(감염할 수 없는 상태)라는 관점에서 보면 이 단계에서 바이러스는 광촉매 반응에 의해 불활성화된다.

그러나 광촉매 반응의 특징은 여기에서 한층 더 나아가 **바이러스의 막구조**를 분해하여 안에 들어 있는 유전정보인 핵산(RNA)에도 손상을 주어 최종적으로 바이러스라는 유기물은 완전 분해된다(그림 4-4).

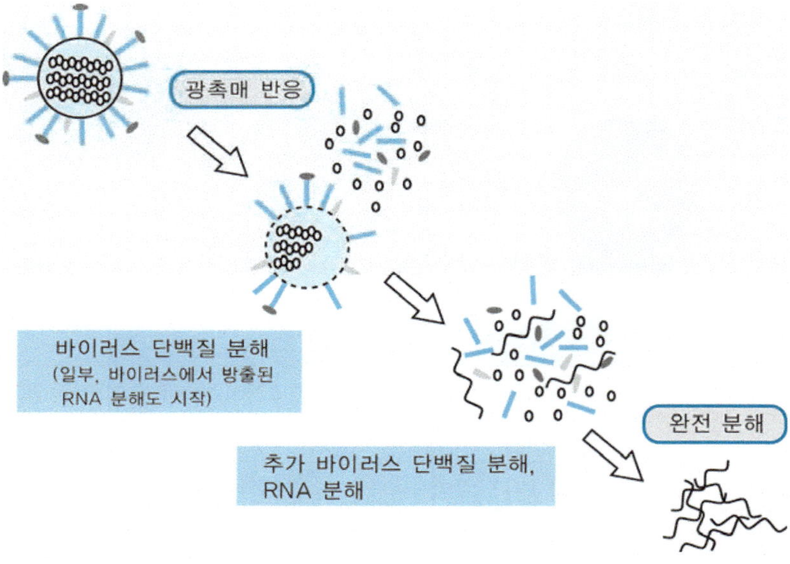

그림 4-4 광촉매 반응에 의한 바이러스 불활성화 원리

바이러스보다 10배 이상 크기의 세균에 대해서도 광촉매가 갖는 강한 산화분해력에 의해 균이 불활성화될 뿐만 아니라 궁극적으로는 유기물로서 완전 분해된다.

그림 4-5는 산화티탄 박막에서 **대장균**의 살균 과정을 개략적으로 보여주고 있다.

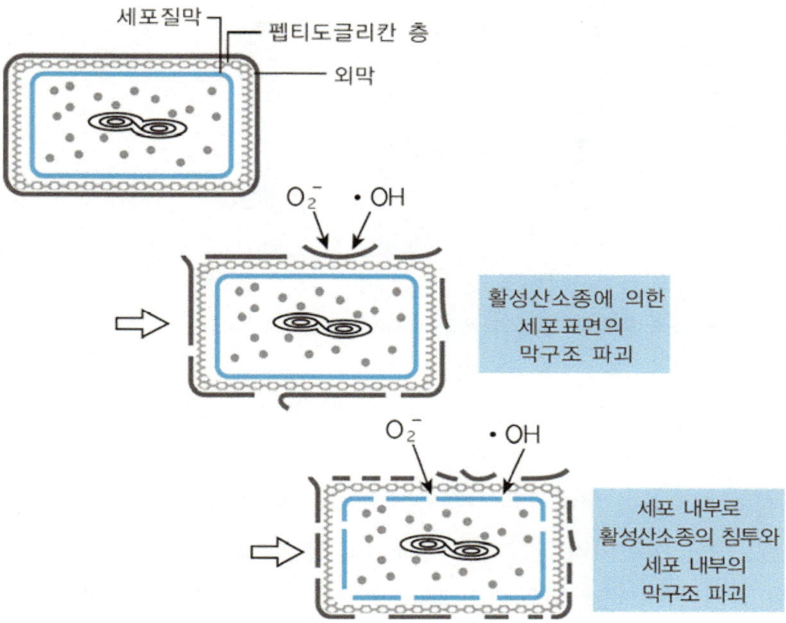

그림 4-5 광촉매로 대장균을 사멸시키는 원리

광촉매의 이와 같은 반응기구 때문에 다른 항균·항바이러스제와는 달리 상대를 가리지 않고(비선택성) 효과를 얻을 수 있으며, 결과적으로 내성균이 생기는 것을 막는 것으로도 연결된다고 생각할 수 있다.

병원이나 **요양시설** 등의 원내감염의 원인으로 문제가 되는 각종 약제 내성균에 대해 광촉매 반응에 의한 불활성화 효과를 살펴보면, 2시간 후에는 모두 검출한계 근처까지 감소하는 것을 알았다(그림 4-6).

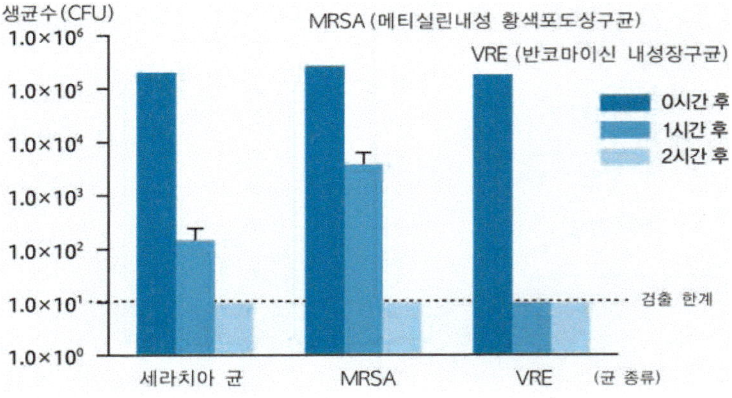

그림 4-6 광촉매 샘플의 세균에 대한 불활성화 효과

이 결과는 **가시광 응답형 광촉매**에 의해 얻어진 것이며, 태양광이 닿지 않는 실내환경에서 광촉매의 활용 가능성을 보여준다.

단 실제 제품화를 위해서는 사용하는 환경이 어떤 상황인지 자세히 조사하여야 하며, 항균·항바이러스 효과에 대해서도 그냥 불활성화시키면 좋을지, 불활성화된 균이 남지 않을 정도까지 분해하여 표면을 깨끗하게 유지하고 싶은지, 목적을 명확히 하여 최적의 솔루션을 얻을 수 있도록 하는 것이 중요하다.

[3] 더러움 방지, 살균, 탈취 효과가 뛰어난 「광촉매 타일」

타일은 광촉매를 응용한 제품으로서 가장 먼저 세상에 나온 제품 중 하나이다.

빛이 없는 곳에서도 효과를 발휘할 수 있도록 광촉매를 코팅한 타일 위에 **항균금속**을 올리는데, 이 경우에는 광촉매의 환원반응에 의해 **항균금속**이 고정화된다.

이렇게 하면 어두운 곳에서도 항균성을 가지고, 빛이 닿으면 더 높은 항균력을 발현하는 하이브리드 제품이 된다.

욕실 바닥에 **광촉매 타일**을 시공하면 균으로 인해 생기는 더러움에 대해 뛰어난 **더러움 방지 효과**가 있다는 것을 알았다. 또한 병원의 수술실에서는 표면에 붙는 세균뿐만 아니라 공중에 부유하는 세균의 수까지 급감하는 것으로 확인되는 등 놀라운 효과에 의해 그 후 광촉매 응용개발의 선두가 되었다.

가시광 응답형 광촉매 타일은 요코하마시립대학 부속병원에서 화장실 보수공사 시 적용하여 세균 수와 **암모니아** 발생량을 비교평가하는 실증시험이 실시되었다.

그 결과, 세균 수, 암모니아 발생량 모두 90% 이상 억제되는 상태가 유지되어 **항균 효과**와 함께 **악취제거 효과**도 있는 것을 확인하였다.

이것은 세균이 번식하지 않으면 소변의 분해도 진행하지 않기 때문에 암모니아의 발생량이 적고, 냄새가 억제되는 것으로 생각된다.

[4] 가시광으로 OK! 높은 항바이러스성 「광촉매 유리」

외장용 **광촉매 유리**는 셀프클리닝 기능이 중심이며, 실내용 항균 유리의 제품화는 진행되지 않았다. 실험실 수준에서는 뛰어난 항균성, 유기물 분해 활성을 나타내었지만, 실제 사용환경인 실내에서는 충분한 기능을 발휘하지 못했기 때문이다.

여기서 과제로는 실내조명 정도의 빛의 강도에서도 높은 광촉매 성능을 가지는 재료의 개발이었다.

이러한 재료의 탐색 중, 광촉매 유리에 산화구리를 섬 형상으로 고정하여 유기물 분해 활성 이외에 가시광 응답성, 높은 항바이러스 성능을 가진 유리가 개발되었다(일본판유리(주), 바이러스클린).

가시광 투과율, 반사율에 관해서도 일반유리와 거의 동일한 점에서 내장용 건축자재로서 충분한 투명성, 의장성을 가지며, 의료, 요양, 공공시설 등 위생적인 환경이 요구되는 분야에 보급되어 나가길 기대한다.

[5] 신치토세공항, 노이바이국제공항에서 맹활약 「광촉매 필름」

광촉매 필름은 실내조명 환경에서 매우 높은 **항균·항바이러스 성능**을 나타내는 구리화합물 복합산화티탄을 무기계 수지와 복합하여 플라스틱 필름에 도포한 것(파나소닉, 항균·항바이러스 필름)이 알려져 있다. 또한 필름으로 만든 것은 페인트에 비해 현장에서 시공이 훨씬 수월하고 확실한 성능의 발현으로도 이어진다.

이 광촉매 필름을 불특정 다수의 사람들이 접촉하는 장소에 시공하면 접촉감염의 위험 감소로 이어질 것으로 기대되고 있다.

지금까지 접촉감염을 방지하는 대책으로 유치원, **어린이집**에서는 손씻기를 권장하였다.

물론 손씻는 것도 중요하지만, 또 하나의 대책으로써 많은 사람이 접촉하는 장소를 지속적으로 깨끗하게(이 경우 세균이나 바이러스를 불활성화, 가능하면 분해제거) 유지하는 것도 유용할 것이다.

광촉매 필름의 경우 일단 시공해두면, 그 후 에너지원은 환경에 존재하는 빛이기 때문에 전원 등의 새로운 에너지가 불필요한 수동적인 계열인 것도 에너지 절약이 중요한 공공시설의 경우 장점이 될 것이다.

제3장에서도 언급했듯이 신치토세공항, 베트남 노이바이국제공항에서 접촉감염의 위험 감소를 목적으로 실증실험이 이루어지고 있다.

신치토세공항에서 여행자가 짐을 싣고 공항 내를 이동하는 중 카트의 손잡이 부분에 광촉매 필름을 감고, 그 표면에 부착하는 세균 수의 변화를 조사한 결과 세균 수가 많아지는 여름철의 경우 특히 현저한 저감효과를 볼 수 있었다.

베트남 하노이 외곽에 있는 노이바이국제공항에서는 터미널 건물의 화장실 문과 벽의 일부에 광촉매 필름을 붙여 동일하게 세균 수의 변화를 조사했다. 신치토세공항에 비해 고온 다습한 환경인 베트남에서 더 높은 세균 수의 저감효과가 나타나 실용화에 좋은 반응을 얻고 있다.

접촉감염 대책이 필요한 장소로는 전철 손잡이와 병원 문손잡이 등 일일이 다 열거할 수 없다. 따라서 단계적으로 확실한 성과를 쌓아 실용화에 이어지기를 바라고 있다.

또한 이러한 광촉매에 의한 항균·항바이러스 효과는 Tokyo대학의 K. Hashimoto 교수(현재 물질·재료연구기구 이사장), 요코하마시립대학의 Y. Kubota 교수(현재 요코하마시립대학 학장) 등에 의한 연구프로젝트 성과이다.

[6] 가시광 응답형 「분말·슬러리」를 사용한 「루미레쉬(Lumi-Resh)」와 인증제도

항균·항바이러스 성능이 뛰어난 **가시광 응답형 광촉매** 소재(분말·슬러리)로서 쇼와덴코에서 「루미레쉬(Lumi-Resh^{TM})」상표로 제품화되고 있다.

비교적 간편하게 사용할 수 있는 2차 가공제로 도료, 필름, 코팅제, 섬유 가공제 등도 개발되고 있다. 최종 제품으로는 막재료, **벽지**, **섬유제품**, 수지 제품 등으로 확산되고 있다.

항균·항바이러스 성능은 눈으로 보면서 효과를 실감할 수 있는 것은 아니다. 그 때문에 확실한 성능을 가지고 있는 제품을 보증하는 인증제도가 중요하다.

그렇지 않으면 거의 효과가 없음에도 불구하고 광촉매라고 말하는 가짜 제품들이 횡행하여 성실하게 개발하고 있는 기업의 제품에 대한 신뢰까지 손상되어 버리기 때문이다.

광촉매 제품에 관해서는 일본의 JIS법에 따라 효과가 확인된 제품에 인증마크를 부여하는 제도를 만들었다.

또한 국제표준인 ISO에도 인증제도 도입을 제안하고 있다. 이들 **인증제도**의 보급이 기술에 대한 신뢰, 소비자의 안심으로 이어질 것으로 확신하고 있다(**인증제도**의 자세한 내용은 제8장 참조).

병원의 **수술실** 벽이나 천장에 광촉매 타일을 시공해두면 뛰어난 항균·항바이러스성에 의해 수술실을 청결하게 유지하고 냄새의 발생도 억제된다. 수술실은 급성의료(급성질환, 중증환자의 치료를 24시간 체제로 실시하는 의료)의 핵심이며, 그곳에서 일하는 의사와 간호사를 비롯한 의료 종사자에게 편안하고 기능적인 치료환경을 갖추어 주는 것은 우리 환자에게도 생명이 달린 중요한 사항이다.

실제 광촉매 타일을 사용한 새로운 수술실 패키지가 제품화되어 있다.

[7] 3차원 그물 구조의 세라믹 폼과 부유 세균 제거장치

광촉매 타일의 경우는 어디까지나 표면에 달라붙는 세균이나 바이러스에 효과를 발휘하는 수동적 형태이지만, 보다 더 적극적으로 폐쇄공간의 공기를 순환시켜 공중에 부유하는 세균이나 바이러스를 효율적으로 제거하는 방법도 있다.

이 경우 **광촉매식 공기청정기**의 기능에서 **부유 세균** 제거에 초점을 맞추어 고기능화를 요구하는 개발이 이루어지고 있다.

부유 세균 제거의 고기능화에 필수 요소로는 ① **광촉매 필터**에 효율적으로 세균이나 바이러스를 접촉시키는 것, ② 필터 전체에 구석구석 빛이 닿는 구조로 만드는 것이다.

이러한 필터의 대표적인 예로서 3차원 그물 구조를 가진 세라믹 폼과 **광촉매 티탄망 필터**가 개발되고 있다.

이것은 3차원의 불규칙적인 그물 구조를 가지고 있어 표면적이 넓기 때문에 세균이나 바이러스와의 접촉효율이 좋고, 구멍이 많이 뚫린 구조이므로 공기를 잘 통과시킨다.

그 외에도 표면에 광촉매로는 분해되지 않는 무기화합물이 부착하더라도 필터를 세척하는 것으로 기능을 회복시킬 수 있는 것이나, 고온에서의 광촉매 가공이 가능하여 안정적인 성능을 발휘하는 등의 특징이 있다(그림 4-7의 유빅스의 「공중 부유 세균 제거장치」 참조).

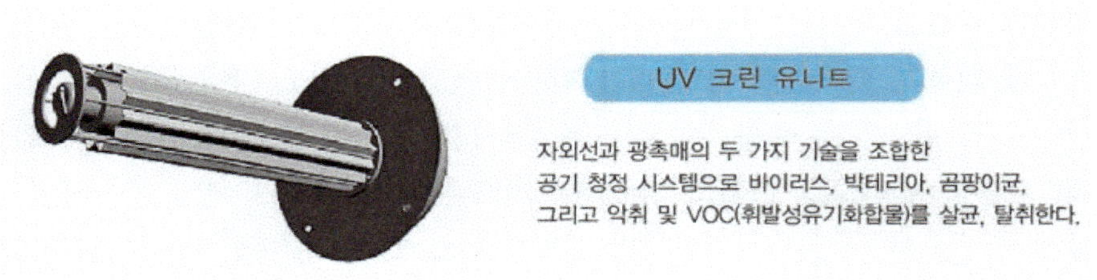

그림 4-7 공중 부유 세균 제거장치 (유빅스)

이렇게 개발된 공중 부유 세균 제거장치의 성능은 통상 클린룸에 사용되는 HEPA(High Efficiency Particulate Air) 필터의 살균성능에 거의 필적하는 것으로 확인되고 있다.

또한 필터 위에 남는 세균이나 바이러스도 거의 없다. **HEPA 필터** 등 기존의 고성능필터는 필터로 공기를 여과만 하기 때문에 필터 표면에는 세균이나 바이러스가 남아 있어 어떤 특정 조건에서 그들이 증식하여 다시 공기 중으로 배출될 우려가 있다.

[8] 2차 감염을 일으키지 않는 것이 최대 장점

광촉매 필터의 경우 필터의 표면에 붙은 세균이나 바이러스는 빛에 노출되어 불활성화되므로 공기 중에 다시 방출되어 2차 감염을 일으킬 염려는 없다. 이것이 광촉매식 공기청정기의 제일 중요한 장점이다.

이미 병원이나 식품공장, 연구기관 등에 많이 도입되고 있기 때문에 향후 타일 등의 수동계와 조합하여 더욱 고성능이 요구되는 무균실과 같은 폐쇄공간이 통째로 광촉매화해 가는 것이 아닐까? 그 연장선에는 **국제우주정거장**이나 왕복수송기(우주선) 내부에 응용도 생각할 수 있으며, 이미 실용화를 향한 검토가 시작되고 있다.

4-3 6대 기능 ❷ 코페르니쿠스적 발상전환으로 탄생한 「탈취」 효과

여기서 잠깐 응용연구의 역사를 되돌아보면서 발상의 전환점에서 태어난 **탈취**기능을 소개하고자 한다.

광촉매의 응용연구는 산화티탄이라는 물질과의 만남을 통해 시작되었다고 해도 과언이 아니다.

그 후 최적의 광촉매 재료를 찾고 국내외에서 많은 연구가 이루어지고 있지만, 지금도 산화티탄이 뛰어난 광촉매 재료인 것에는 변함이 없다. 산화티탄 광촉매의 특징 중 하나는 강력한 산화분해력이며, 그 능력은 수질정화에 이용되는 **염소**와 **과산화수소**, **오존**보다 강력하다.

[1] 산화티탄은 왜 다량의 물질분해에는 적합하지 않은 것인가?

그러나 아무리 계산하고 따져 보아도 많은 양의 물질 분해에 산화티탄 광촉매계는 적합하지 않다고 판단할 수밖에 없다.

예를 들어 광촉매 반응에 필요한 시간에 대한 간단한 계산을 해보았다.

가로, 세로 각 10 cm의 산화티탄 박막을 사용하여 **유해물질**의 하나인 트리클로로에틸렌 1 mol (약 130 g)을 분해하는데 시간이 얼마나 걸릴까?

태양광(3 mW/cm^2) 아래에서는 무려 11주나 소요된다는 계산이 나온다(그림 4-8).

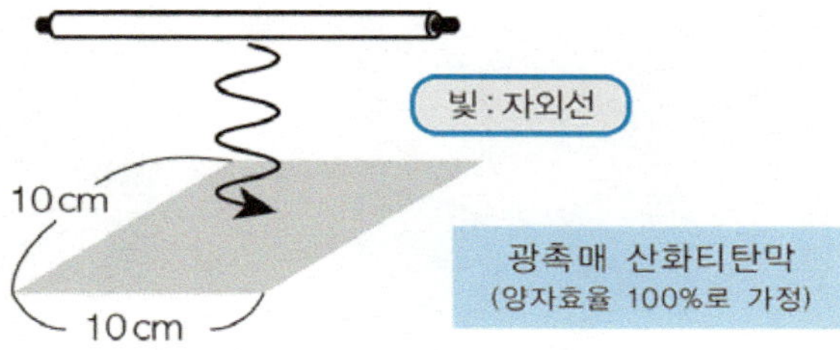

$$ClHC=CCl_2+4H_2O+6p^+ \longrightarrow 2CO_2+3HCl+6H^+ \ (p:홀)$$

광원	초고압수은등	태양광(블랙라이트)	백색형광등
자외선 강도	20 mW/cm²	3 mW/cm²	10 μW/cm²
시간	12 일	11 주	63 년

그림 4-8 광촉매 반응에서 1 mol의 트리클로로에틸렌의 분해에 소모되는 시간

예전에 유조선 사고로 바다에 원유가 유출되어 문제가 된 적이 있는데, 이 원유를 산화티탄과 태양광으로 분해할 수 있을까 하는 연구도 진행되었다.

실험실에서 실험해 보면 원유를 분해할 수는 있었지만, 실용화의 길은 보이지 않았다.

[2] 「미량의 물질을 대상으로」라는 코페르니쿠스적 전환

어디 다른 곳에 광촉매 반응의 강한 **산화분해력**을 살릴 수 없을까?

그 때 발상의 대전환이라고도 말할 수 있는 어떤 영감이 떠올랐다. 다량의 대상물에는 적합하지 않다면 발상을 확 180도 전환하여 미량일지라도 우리가 저감에 힘들어하는 물질이나, 곤란을 겪고 있는 물질을 상대해 보면 어떨까 라는 아이디어가 떠오른 것이다(그림 4-9).

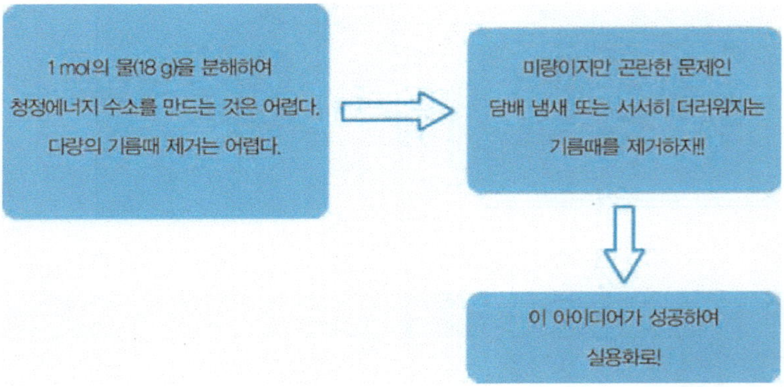

그림 4-9 광촉매 응용연구에서 코페르니쿠스적 전환

조금 과장일지는 모르지만, 지금 되돌아보면 광촉매의 응용연구에 있어 코페르니쿠스적 전환점이 아니었나 생각한다.

미량일지라도 우리를 괴롭히는 것 중 하나로 악취물질이 있다. 예를 들어, **암모니아**, **황화수소**, **아세트알데히드** 등이 있으며, 대기환경 중 이들 농도는 국가에 의해 규제되고 있다.

아세트알데히드의 경우 5 ppm이면 규제치의 10~100배에 해당하는 지독한 냄새로 견딜 수 없는 농도이지만, 산화티탄 광촉매로 충분히 분해할 수 있는 물질이다.

이렇게 극히 미량일지라도 문제가 되는 악취물질 및 **휘발성유기화합물(VOC)**을 광촉매로 분해 제거하는 것을 목적으로 한 응용연구가 전개되어 왔다.

VOC에는 합판 건축자재용 접착제의 방부제로 쓰이는 포름알데히드, 페인트나 접착제의 용제로 사용되는 **톨루엔**, **크실렌** 등이 있다.

이들은 신축주택에 입주하면 두통이나 현기증, 메스꺼움 등의 증상으로 고생하는 이른바 **새집증후군**의 원인이 되는 물질이다.

또한 VOC에 대한 감수성은 사람에 따라 달라 매우 낮은 농도에서도 과민하게 반응하여 심한 증상을 나타내는 경우도 있다. 이러한 미량일지라도 우리의 건강과 환경을 위협하는 물질에 대하여 광촉매를 활용해 나가는 길이 열리고 있다.

[3] 종이, 섬유제품, 공기청정기에도 적용되는 이유

광촉매 재료 개발에 관해서도 발상의 전환, 유연한 자세를 항상 생각했다.

즉 광촉매를 얇은 막으로 재료 표면을 커버하는 박막코팅법이 뛰어난 방법임을 알았지만 그 방법에 만족하지 않고 종이와 섬유 등에 스며들게 하여 담배 냄새나 담배 진을 분해하는 응용연구도 진행했다.

종이에 직접 산화티탄을 혼합하는 것만으로는 광촉매 반응에 의해 종이 자체가 분해되어 너덜너덜해져 버리기 때문에 산화티탄을 응집하여 펄프에 넣는 등의 다양한 연구를 실시할 필요가 있었다.

산화티탄을 혼합한 종이를 만들어 담배 진의 제거에 대해 조사하였는데, 일반 종이에 비해 산화티탄이 들어간 쪽이 노랗게 변색하여 또 다시 실패하였다고 실망했지만 거기에 빛을 쪼이면 흰 종이로 되돌아왔다.

정말로 마음먹은 대로 되지 않는 것이 연구라는 것을 잘 보여준 사례였다.

거미가 거미줄을 쳐서 먹이감을 잡아 나중에 먹는 것처럼, 산화티탄이 들어있는 종이는 담배 연기가 자욱한 곳에서는 담배 진을 모았다가 빛을 쪼이면 이들이 분해되는 것을 알 수 있었다.

현재는 종이나 **섬유제품**, **커튼**, **벽지** 등의 제품으로 실용화되고 있다. 커튼이나 시트 등의 섬유제품은 병원, 요양시설 등에서 수요가 많은 것으로 알고 있다.

그림 4-10에 **광촉매식 공기청정기**의 기본구조를 나타내었으며, 가정용, 업무용, 자동차나 고속전철(신칸센) 등의 교통시설용과 각종 **공기청정기 필터**로 활용되고 있다.

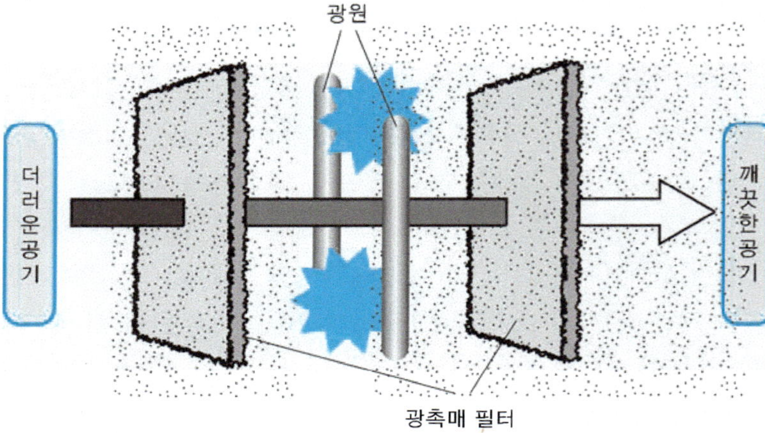

그림 4-10 광촉매식 공기청정기의 기본 구조의 예

가정용으로는 이미 일반적인 기술로 되어있으며, 업무용으로는 새로운 기술로 다양한 가능성이 있다.

도입 사례를 검증하면서 응용 분야가 넓혀지길 기대하는 영역이다. 지금까지 의과대학 해부학교실이나 시체 처치실에서 **포르말린**의 강렬한 냄새가 깨끗하게 잡혀 호평을 받고 있다.

[4] 필터와 광원을 세트로 한 대형 광촉매식 탈취장치

광촉매 필터로는 세라믹 필터가 높은 분해활성을 나타내고, 항균·항바이러스 성능도 겸비하기 때문에 업무용으로 널리 활용되고 있다.

필터와 광원을 세트로 한 광촉매 카트리지를 만들고, 그것을 다수 배열한 **대형 광촉매식 탈취장치**도 개발되고 있다.

카트리지를 자유롭게 조합하여 대형시설의 용도나 조건에 맞는 맞춤형 광촉매식 탈취장치를 쉽게 설계할 수 있다.

냄새에 시달리는 직장은 의외로 많다. 음식물 쓰레기 처리장이나 고무 공장, 건어물이나 식초절임을 만드는 식품가공공장, 화학분석센터, 연필제조공장 등 다양한 장소에서 광촉매 탈취기능이 위력을 발휘하기 시작하고 있다.

요양 시설이나 의료 시설을 위한 천장 매립형 환기장치에 광촉매 방식의 탈취기능을 탑재한 제품이 개발되고 있다. 요양 시설 특유의 냄새가 제거 완화되면 입주자와 그 가족, 그 곳에서 일하는 분들의 기분이나 정신면에도 영향을 주는 것이 아닐까?

그림 4-11에는 광촉매식 공기청정기의 다양한 용도, 그림 4-12에는 이용되는 시설을 소개한다.

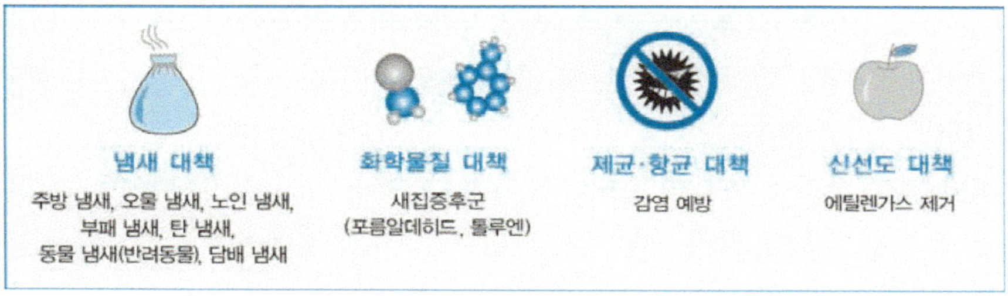

그림 4-11 광촉매식 공기청정기의 다양한 용도

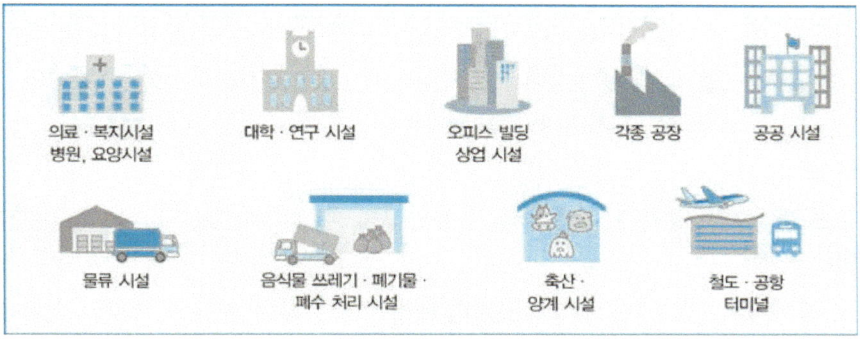

그림 4-12 이용되는 시설

4-4 6대 기능 ❸ 유리와 거울표면의 김서림 방지 효과

[1] 광촉매의 초친수화 현상이란?

제2장(2-4)에서 Tokyo이과대학 카츠시카캠퍼스의 사이언스 도장에 있는 비가 내려도 물방울 맺힘이 일어나지 않아 양호한 시야를 확보할 수 있는 유리창의 전시물을 소개했다.

이와 같이 유리나 거울의 표면에서 김서림이나 물방울 맺힘 현상이 일어나지 않는 작용을 **김서림 방지 기능**이라고 한다.

광촉매에서 이 기능의 발현에 관여하는 것이 **초친수화** 현상이라는 것이다.

유리 및 거울의 표면에 광촉매를 코팅하여 빛을 쪼이면 그 표면은 물을 거의 튕기지 않는 성질로 변한다.

더욱이 이 현상을 자세히 해석해 본 결과, 지금까지의 산화분해반응과는 다른 현상임을 알게 되었다. 이 성과는 K. Hashimoto 교수와 TOTO의 T. Watanabe 선생(현 Tokyo대학 부학장)이 공동으로 1997년 「Nature」에 보고하였다.

이 **초친수성**의 발견은 광촉매의 응용연구가 더욱 발전해 나가는 큰 계기가 되었다.

그 전까지는 산화티탄의 강한 **산화분해력**을 응용하여 항균 및 탈취, 오염물질의 분해 등에 응용하려는 흐름이었지만, 거기에 초친수화라는 새로운 현상이 발견되어, **김서림 방지**, **더러움 방지 기능**의 추구가 시작되었다.

표 4-3에 산화티탄 광촉매의 표면에서 일어나는 2개 반응과 6대 기능의 관계를 정리하였다(93쪽의 표 4-1과 함께 참조).

표 4-3 산화티탄 광촉매의「2개 반응」과「6대 기능」의 관계

		6대 기능					
	표면에서 일어나는 반응	①항균·항바이러스	②더러움 방지	③김서림 방지	④탈취	⑤대기 정화	⑥수질 정화
산화분해	표면에 도달한 물질에 작용하는 반응	○	○		○	○	○
초친수성	표면의 성질 자체를 제어하는 반응		○	○			

[2] 물과「접촉각」및 친수성

그러면 물을 전혀 튕기지 않는 초친수성이란 어떤 상태를 말할까? 왜 비오는 날에도 유리창에 물이 맺히지 않을까?

여기서 키워드가 되는 것이 표면과 물 사이의「**접촉각**(Contact Angle) θ」이다.

우리 주변 보통 환경에서는 일반적으로 물질의 표면은 정도 차이는 있지만 물을 튕겨낸다. 어느 정도 물을 튕겨내는가의 척도로 사용되는 것이 물방울과 물질 표면사이의「**접촉각**」이다. **접촉각**이 클수록 물방울은 구슬모양이 되고, 물을 더 잘 튕기는「**발수성**」이 된다.

반대로 **접촉각**이 작을수록 물을 밀어내기 어려워지는「**친수성**」이 된다(그림 4-13).

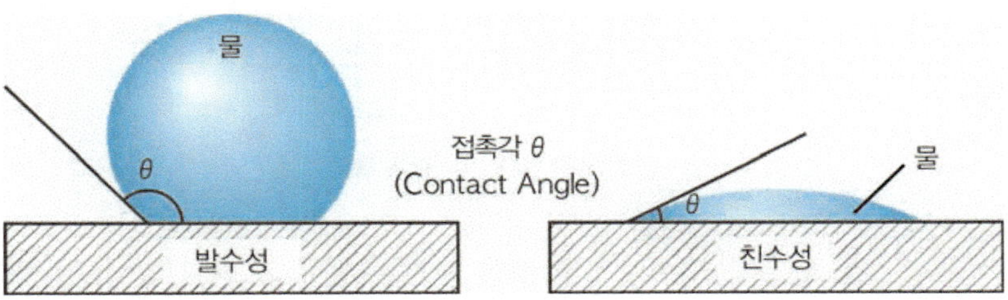

그림 4-13 접촉각으로 본 발수성과 친수성

비온 뒤 연못이나 늪에 떠 있는 연꽃잎을 본 적이 있는가? 관찰하여 보면, 잎 위에 물방울이 데굴데굴 굴러 떨어지는 것을 볼 수 있다. 유사한 형태의 물방울은 발수처리한 비옷 등의 표면에서도 관찰할 수 있다.

이와 같이 표면이 발수 상태에서는 물과 접촉각이 90도 이상이다. 일반적으로 플라스틱 등 수지에서는 그 각이 70~90도, 유리 등의 무기 재료에서는 20~30도로 물질에 따라 다르지만, 10도 이하의 것은 드물다.

[3] 초친수성은 접촉각이 「거의 0도」

산화티탄에 적당한 조성을 조합한 박막표면은 처음에는 물과의 접촉각이 수십도 이상이지만, 빛을 쪼이면 접촉각이 감소하여 최종적으로 거의 0도가 된다.

이 때, 물방울은 만들어지지 않고 균일하게 젖어 퍼진 수막이 되어, 전혀 물을 튕겨내지 않는다. 이 현상을 **초친수성**이라고 한다(그림 4-14).

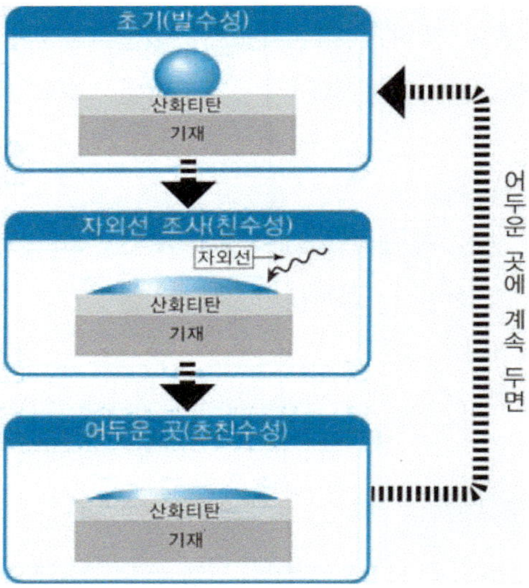

그림 4-14 산화티탄 표면은 광조사로 「초친수성」이 된다

일단 초친수성 상태가 되면 그 후 수십 시간은 빛을 쪼이지 않아도 접촉각은 수 도 정도를 유지하고, 다시 빛을 쪼이면 초친수성이 회복된다.

유리 및 거울에 김이 서리는 것은 수증기가 표면에서 냉각되어 많은 물방울이 만들어지기 때문이다. 초친수화된 표면에는 물방울이 형성되지 않고 균일한 수막으로 젖어 퍼지기 때문에 김서림을 방지할 수 있는 것이다(물과의 접촉각과 김서림 어려운 정도 〈김서림 방지 성능〉의 관계는 그림 4-15 참조).

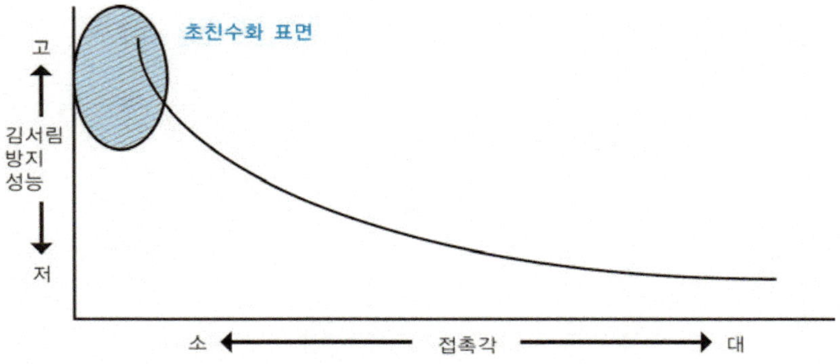

그림 4-15 접촉각이 작을수록 김이 서리지 않는다

[4] 김서림이 어렵고, 더러워지지 않는 「초친수성」과 「산화분해력」을 접목한 기술

또한 초친수성 표면에서는 기름때 등이 붙어도 젖어 퍼진 수막이 기름때를 띄워 물만 흘려주는 것으로 쉽게 씻겨 내려가는 것도 큰 발견이었다.

건물 외벽 더러움의 대부분은 자동차의 배출가스 등에서 온 유분이 포함되어 있기 때문에, 표면에 **초친수성 광촉매**를 코팅해 두면 먼지가 붙어도 비가 오면 자연스럽게 씻겨 내려가 깨끗한 상태를 유지하는 것으로 밝혀졌다.

광촉매의 **산화분해력**으로 더러움을 직접 분해하는 기능과 접목한 기술은 **더러움 방지** 기능을 비약적으로 향상시킬 수 있어 제2장에서 언급 한 바와 같이 주택 건축분야에서 널리 광촉매를 활용할 수 있는 계기가 되었다.

또한 재료가 더러워지는 정도는 물과의 접촉각과 밀접한 관계가 있어 불소처럼 접촉각이 큰 발수성 재료일수록 더러워지기 쉽고, 접촉각이 작은 초친수성 재료는 다른 재료에 비해 잘 더러워지지 않는다는 것을 알았다(그림 4-16).

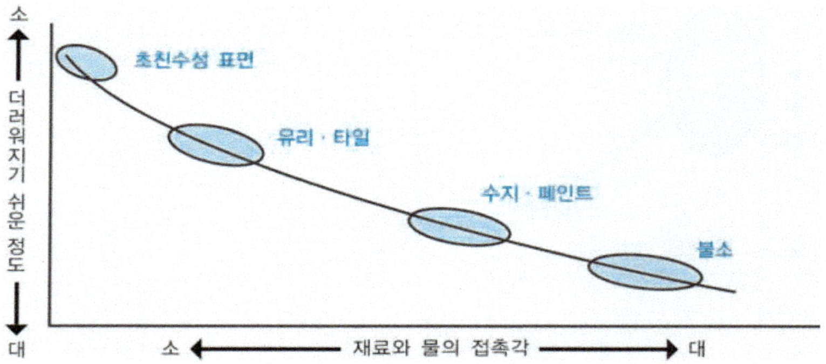

그림 4-16 접촉각과 재료의 더러워지기 쉬운 정도의 상관관계

[5] 자동차의 사이드미러와 사람 목숨을 지키는 도로반사경

비오는 날 자동차의 사이드미러에 빗방울이 맺혀 뒤가 잘 보이지 않아 불안한 적이 있는가?

광촉매 코팅에 의해 물방울이 맺히지 않아 흐려지지 않는 사이드미러가 실현되고 있다. 일본에서 판매되는 승용차에도 광촉매 처리된 사이드미러가 탑재되고 있다.

또한 기존 사이드미러에 붙이는 타입의 광촉매 필름도「하이드로텍트 필름」이란 이름으로 상품화되어 있다.

악천후에 자동차를 운전하고 있을 때 **도로반사경**이 흐려져 위험을 느낀 적이 많을 것이다.

그래서 스테인레스 거울면에 광촉매 초친수화 처리 후 **김서림 방지**와 물방울 맺힘 방지 기능을 갖게 한 도로 반사경을 세키수이수지(주)가 개발했다.

이것은 비오는 날에도 양호한 시야가 확보되어 도로 교통안전 향상에 기여할 수 있는 제품이다. 자동차의 사이드미러에 이어 도로 반사경에 응용이 실현된 것으로 악천후 시 사고율의 감소, 즉 사람의 생명에 직결되는 기술로 발전할 것으로 확신한다.

앞으로는 일본 전국 모든 도로 반사경을 흐려지지 않도록 하는 것을 목표로 하면 좋겠다.

4-5 6대 기능 ❹ 셀프클리닝을 실현하는 더러움 방지 효과

[1] 방문객 10만명 돌파 광촉매전시관

저자가 이전 이사장을 맡고 있었던 카나가와과학기술 아카데미(KAST 현 : 카나가와 현립산업기술종합연구소〈KISTEC〉) 안에 **광촉매전시관**이 있다.

이 시설은 카나가와현 카와사키시의 카나가와사이언스파크(KSP)의 1층에 있다. 여기에는 광촉매 기술을 활용한 다양한 응용제품을 한 곳에 모아 전시하고 있다. 또한 직원의 설명을 들으면서 실제로 빛을 쪼이면 어떤 효과가 있는지, 그 변화를 실감할 수 있는 모의실험 장비도 갖추고 있다.

전시관을 개관한지 10년 이상이 지나 봄방학과 여름방학이 되면 많은 초등학생들이 찾고 있다.

분명히 초등학생이나 중학생들이 자유연구의 테마 찾기가 곤란할 경우 광촉매 전시관에 가면 뭔가 찾을 수 있다는 소문이 카나가와현의 초등학생이나 중학생들에게 비밀리에 퍼져있는 것 같다.

2017년 3월 14일에는 개관 이후 총 관람객수가 10만명이 되어 기념행사를 했다(그림 4-17).

학생들이 놀라 환성을 지르는 모의실험의 대표가 셀프클리닝 효과이다.

첫 번째 모의실험은 광촉매의 산화분해 작용을 체험하는 「빛으로 깨끗하게」라는 실험이다.

광촉매 타일 및 일반 타일의 표면에 잉크를 발라 햇빛 대신에 블랙라이트를 조사한다. 10초, 20초 시간이 경과하면서 광촉매 타일 쪽만 점점 색이 희미해져 가고, 30초 정도에 완전히 잉크색이 없어진다. 한편 일반 타일 표면에는 잉크가 남아 있는 상태로 유지된다.

그림 4-17 광촉매전시관 관람객 10만명 달성 기념행사

[2] 「마법의 실험」에 놀람과 「수소 박사」비밀 이야기

아이들의 함성을 들을 때는 과장이 아니라 정말 연구자로서 행복감을 느끼는 시간이다.

아이들 중에는 「와! 마법 같다」라며 감격스러워하는 아이도 있어 솔직히 이런 반응이 부담스럽다.

일반 잡지 등에서 광촉매가 다루어지는 경우에도, 그 중에는 「마치 마술사 또는 현대의 연금술사일까?」라고 소개되는 경우도 있다. 그러나 마법도 마술도 아니고, 식물의 **광합성** 일부를 과학적으로 재현한 **광전기화학**의 연구성과이기 때문에 그것을 제대로 잘 설명하는 것도 광촉매전시관에 주어진 사명이 아닌가 싶다.

벌써 50년 전 일이지만, **물의 광분해** 성과가 영국의 과학잡지 「Nature」에 게재된 후 얼마동안 「수소 박사」라고 불렸던 기억이 난다.

당시는 오일쇼크(1973년)를 계기로 석유를 대체하는 미래의 에너지 문제를 어떻게든 해결하지 않으면 안된다는 생각이 전세계에 충만하던 때였다.

그러던 중에 태양광 에너지로 물을 산소와 **수소**로 분해할 수 있다는 발견에 주목되어, 태양광 에너지를 변환하여 청정에너지인 수소를 만들 수 있는데다가 원료가 물이라는 점에서 이것으로 인류는 에너지 문제에서 자유로워지는 것이 아니냐고까지 말하였다.

그리고 「어떻게 하면 수소를 효율적으로 대량으로 만들 수 있는지, 빨리

성과를 내주세요.」..... 수소 박사라고 불린 데에는 그만큼 세상의 기대가 담겨져 있었던 것이다.

광촉매로 수소를 생성하는 연구는 **인공광합성**으로 현재도 활발하게 연구되고 있기 때문에 제5장에서 설명하겠지만, 연구성과를 일반인들에게 알기 쉽고 정확하게 전하고 이해와 응원을 받으면서 세상이 요구하는 연구를 해 나가는 것, 그러한 것의 중요성에 눈뜨기 시작한 계기가 되었다.

[3] 초친수성을 체험하는 「빛과 물로 깨끗이」 실험

광촉매전시관에서 실시하고 있는 셀프클리닝 모의실험의 두 번째는 광촉매의 초친수성 효과를 체험하는 「빛과 물로 깨끗이」란 실험이다.

이번에는 복사기의 토너 등에 사용되는 카본을 기름에 섞어 검은 기름때를 만든다. 이것을 광촉매 타일 및 일반 타일에 부착시킨다. 빛이 충분히 쪼여진 조건에서 여기에 물을 뿌려 본다.

일반 타일에 묻은 기름때의 경우 물은 기름에 튕겨 얼룩이 그대로 남아 있다.

한편, 광촉매 타일에서는 빛이 닿은 표면이 물하고 매우 친해지는 초친수성 상태로 되어 물은 기름때의 아래에 들어가 막의 형태로 젖어 퍼진다.

그 때문에 기름때는 떠올라 물을 뿌리는 것만으로 흘러 떨어져 내려간다(그림 4-18). 초친수성이 되는 원리에 대해서는 「김서림 방지 효과」의 4-4절을 참조바란다.

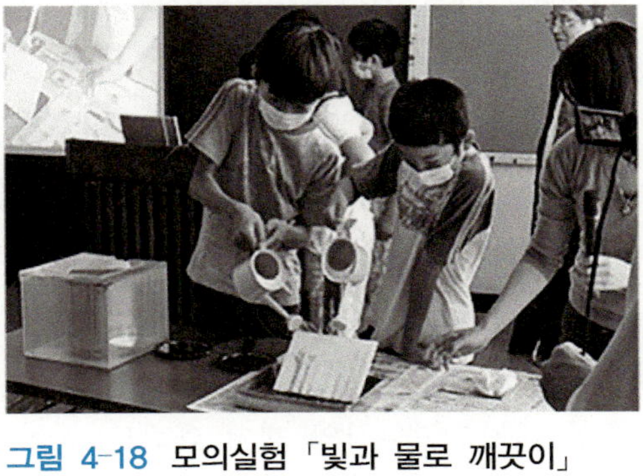

그림 4-18 모의실험 「빛과 물로 깨끗이」

[4] 실패라고 생각한 결과를 역발상으로 실용화

사실 이 초친수성의 발견도 생각하지 않은 계기로 태어났다.

광촉매의 산화분해 작용을 갖는 타일을 개발한 당시에는 표면에 더러움이 부착하지 않도록 하기 위하여 「물을 튕기는」 **발수성**의 성질을 갖게 하려고 한 것이다.

그러나 이 연구 과정에서 표면의 물과의 접촉각이 「0도」가까이 떨어지는 결과가 나와서 처음에는 완전 실패라고 담당자는 낙담하고 있었다.

그렇지만 생각을 바꾸면, 지금까지 없었던 매우 독특한 「물이 매우 스며들기 쉬운」 초친수성 표면을 만드는 데 성공했다고 말할 수 있지 않은가?

이 때 발상의 전환에서 초친수성이 되는 메커니즘의 해명을 거쳐 실용화로 흐름이 단숨에 가속되어 나갔다.

실험결과를 실패로 해석하고 끝낼 것인가, 정반대의 견해에서 성공이라고 파악하고 발전시킬 것인가, 이것은 연구의 묘미라고도 말할 수 있는 다이나믹한 전개에 눈을 크게 뜨고 본 추억이다.

[5] 더블 「셀프클리닝 효과」로 비용 절감! 1000억엔 시장

산화티탄 표면에 태양광이 닿으면 강한 산화분해력이 생기고 한층 물이 스며들기 쉬워지는 **초친수성 효과**를 합하여 **셀프클리닝 효과**라고 부르고 있다.

옥외의 벽 등에 광촉매 타일을 시공하면 태양광과 강우라는 자연 에너지에 의해 두 가지 효과가 나타나 다른 에너지를 사용하지 않고도 표면이 깨끗한 상태를 유지하기 때문이다.

이것으로 에너지 비용에서 해방될 뿐만 아니라 야외 건물 외벽을 깨끗하게 유지하기 위한 청소비용 등 유지 보수비용 절감으로도 연결된다. 또한 고층 빌딩을 청소하는 청소부들의 생명줄을 걸어 놓고 작업하는 횟수를 줄일 수 있어 안전성의 향상으로도 연결된다.

셀프클리닝 효과와 동시에 광촉매 타일 표면에 접근하는 NOx(질소산화물) 및 SOx(황산화물) 등의 대기오염물질의 제거 효과도 일어나고 있다.

빛으로 이들 대기오염물질을 무해한 물질로 분해하여 비로 씻어내고 있는 것이다.

이 뛰어난 셀프클리닝 효과로 인해 외장용 건축자재 또한 도로교통 관련 자재로 제2-3장에서 언급한 다양한 응용제품이 개발되어 1000억엔 정도의 새로운 광촉매 관련 시장을 형성하는 데까지 성장하였다.

더 많은 장소에서 광촉매가 활약해 나가기 위해서는 효과가 날 수 있는 곳을 파악하고, 확실하게 효과를 낼 수 있는 형태로 시공해 나가는데 전력을 다해야 하지 않을까(그림 4-19)?

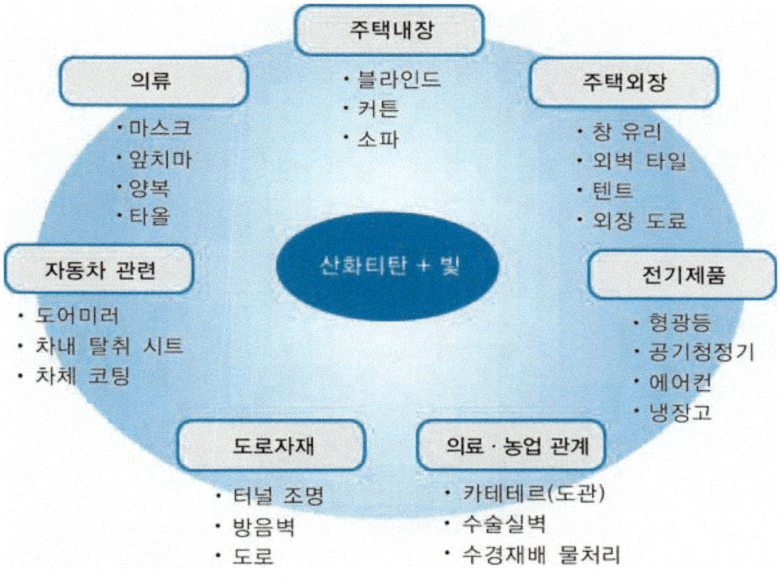

그림 4-19 각 분야에서 활약하는 광촉매 효과

4-6 6대 기능 ⑤ 빛으로 물을 깨끗하게 하는 「수질정화」 효과

[1] 지구상에 담수는 매우 적다

탈취를 설명한 곳에서 말한 바와 같이, 광촉매는 미량으로 그 존재가 문제가 되는 환경 오염물질의 분해제거에 적합함을 알았다.

그래서 공기 뿐만 아니라 물 속에 있는 환경 오염물질을 광촉매로 제거하려는 연구가 활발하게 이루어지고 있다.

지구상에는 약 14억 km^3 물이 있는 것으로 알려져 있지만, 그 대부분(97.5%)이 **해수(바닷물)**이며, 담수(민물)는 불과 2.5%에 지나지 않는다(그림 4-20).

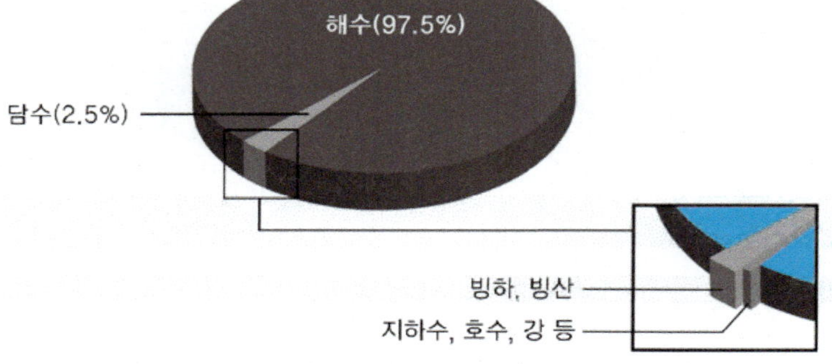

그림 4-20 지구의 70%가 물로 덮혀 있지만 97.5%는 해수

거기에 담수의 70%는 빙하, 빙산으로 고정되어 있고, 나머지 30%의 대부분도 지하수이다. 인간이 이용하기 쉬운 강과 호수의 지표수는 담수의 0.4%(지구상의 모든 물의 불과 0.01%) 밖에 없다.

지구상의 물을 욕조 1개 분량이라고 하면, 강과 호수, 얕은 지층의 지하수 등 인간이 쉽게 사용할 수 있는 물의 양은 양손으로 뜬 양에도 못 미치는 귀중한 것이다.

그렇지만 우리는 공업생산이나 농업생산에 이 귀중한 물을 이용할 뿐만 아니라 폐수로 오염수를 환경에 배출하는 것은 피할 수 없다.

츠키지 시장의 이전 문제, 원전사고의 오염수 문제 등 일본 내에서도 물을 둘러싼 문제는 수 없이 많다.

[2] 비용이 들지 않는 안전한 지하수 정화시스템

또한 해외로 눈을 돌리면 안전한 물과 위생시설을 이용할 수 없는 사람들이 아시아, 아프리카를 중심으로 수억 명이 있으며, 매년 180만명의 어린이들이 「물」과 「위생」의 문제로 사망하는 것이 현실이다.

따라서 물을 깨끗하게 하는 것, 나아가 아시아, 아프리카 사람들도 이용할 수 있도록 가급적 비용을 들이지 않고 정화하는 것은 인류의 가장 중요한 문제 중 하나로 알려져 있다.

물 속의 세균이나 오염물질을 태양 에너지로 분해할 수 있는 광촉매 기술을 실용화하여 인류의 물 문제 해결에 공헌하기 위하여 오랫동안 많은 연구개발이 진행되었다.

실용화에는 어려운 점도 많이 있었지만, 최근 **온천시설**의 **레지오넬라균 대책**과 **토양 지하수 정화시스템**, **농업 폐수처리 기술**, 식품 가공 해수 제조기술 등이 진행되었기에 소개한다.

드라이크리닝 용매로 사용되는 테트라클로로에틸렌(별명 파크로로에틸렌: PCE) 등의 휘발성 유기염소화합물은 **토양오염**의 원인물질의 하나로 분류되었다.

1980년대 초반까지는 유해성에 대한 인식이 낮았고, 적절한 처리 방법 등도 없었다. 그러나 1980년대 후반에 WHO(세계보건기구)가 **트리클로로에틸렌(TCE)**에 장기 노출은 발암성을 의심할 수 있다는 것을 공표하여 TCE에 의한 토양 지하수의 오염이 세계적으로 관심을 모았다.

일본에서도 지하수의 오염실태를 조사한 결과 휘발성 유기염소화합물에 의한 토양오염의 문제가 전국에 걸쳐 있다는 것이 명백히 밝혀졌다.

예전에는 주로 **활성탄**에 흡착시키는 방법으로 처리되었지만, 오염물질이 한 번 흡착한 활성탄은 재생시킬 수 없어 그 처리가 새로운 문제가 되었다.

[3] 70기 이상 장비가 활약하고 있는 ADEKA종합설비(주)의 대처

휘발성유기염소화합물을 분해하고 처리하는 방법은 몇 가지 제안되었지만, **유해물질**을 발생시키는 문제 등이 있어 보급되지 않았다.

광촉매법은 PCE 등을 분해하여 무해화할 수 있기 때문에 유망한 방법으로 개발이 진행되었다. ADEKA종합설비(주)에 의해 개발된 토양 지하수 정화시스템을 소개한다(그림 4-21).

토양 지하수에서 회수한 **휘발성유기염소화합물**을 가스화하여 광촉매 장치에 통과시키면 이산화탄소, 물, 염화수소로 분해된다.

광촉매 장치에는 광원과 세라믹에 산화티탄을 고정한 반응기가 효율적으로 다수 배치되어 있다. 광촉매 반응의 분해생성물은 중화장치에서 알칼리로 중화 무해화시켜 대기로 방출한다.

이미 70기 이상이 토양 지하수 정화를 위해 활약하고 있으며, 최근에는 처리능력을 높이기 위해 장치의 대형화도 시도되고 있다.

이 토양 지하수 정화는 오염물질을 증발 기화시켜 기체로 만들어 **광촉매 필터**에서 처리하고 있다. 즉 공기 중의 기체물질의 광촉매 처리이므로 **공기청정기**의 작용 기능과 동일하다.

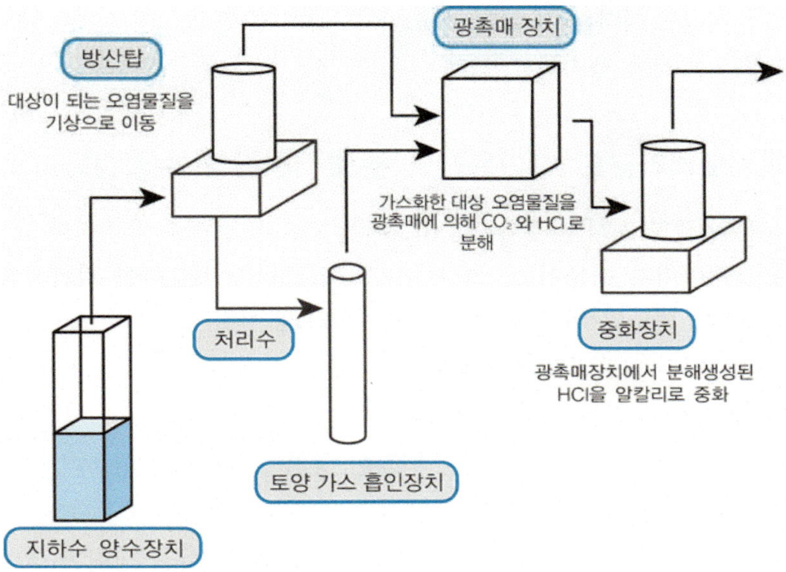

그림 4-21 광촉매를 이용한 토양 지하수 정화시스템

한편 물 속의 오염물질을 물 속에서 처리하는 것은 매우 어려운 주제이다.

왜냐하면, 물 속의 미량 오염물질을 광촉매 필터로 유도하여야 하고 더구나 필터에는 충분한 빛을 조사해야만 하기 때문이다.

또한 물의 저항이 매우 크기 때문에 물 속의 미량 오염물질의 광촉매 처리가 어려운 이유이다. 물론 산화티탄 미립자를 물에 현탁(액체 속에 고체의 미립자가 분산)한 상태에서 빛을 조사하는 방법도 있지만, 이 후 물 속의 산화티탄 미립자의 분리가 쉽지 않는 점이 큰 문제이다.

2017년 9월에 이탈리아에서 개최된 국제회의에 참석했을 때 인도의 젊은 연구자와 이야기하는 중, 그는 철 입자 위에 산화티탄을 코팅한 광촉매 시스템(광촉매에 의한 반응시스템)을 만들어 광촉매 작용 후에는 자석으로 산화티탄 입자를 회수하는 방법을 사용한다고 하였다. 이것은 꽤 재미있는 아이디어이다.

필자는 타마강 근처에 살고 있는데 강물을 깨끗하게 할 수 없을까 하고 10년 전부터 카와사키시의 몇 분과 상담하고 있다. 타마강의 환경호르몬 물질을 광촉매로 분해할 수 없을까 고민하며 연구를 시도한 적도 있지만, 실현에 이르지는 못했다. 다량의 물 속의 오염물질을 처리하는 것은 매우 어려운 주제이다.

그러나 지금도 이다바시의 Sotobori 등 도랑의 물을 광촉매로 깨끗하게 처리할 수 없을까 계속 생각하고 있다.

[4] 레지오넬라균도 다이옥신도 분해! 친환경 수질정화장치

앞 부분의 토양 지하수 정화시스템은 세탁소나 공장 폐수가 지하에 스며들어 오염이 퍼져버리기 때문에 토양으로부터 오염물질을 회수하여 기화시키는 방법 등과 같이 별도의 과정이 필요하여 개발하기 어렵다.

따라서 이제는 지하수를 결코 더럽히지 않도록 지상에 있는 동안, 물을 깨끗이 하도록 손써야 하는 점이 무엇보다 중요하다.

강과 같은 물이 아니라 어느 정도 한정된 양의 수처리에는 광촉매 방식이 일부 사용되고 있다.

예를 들어, 지상에서 물의 정화를 목적으로 광촉매 섬유를 장착한 장비가 개발되어 **온천시설**의 **레지오넬라균 대책** 등에 성과를 거두고 있다.

필터로 작용하는 **광촉매 섬유**는 부직포 모양으로 되어 있어 물 속의 세균이나 오염물질을 3차원적으로 효율적으로 접촉시켜 분해하는 구조로 되어 있다.

일본 각지에서 지역주민에 대한 서비스와 지역관광의 핵심으로 온천, 목욕시설이 만들어져 있지만, 레지오넬라균의 집단감염이 잇따르는 등의 피해가 발생하고 있어, 공중목욕탕의 온수나 온천수를 깨끗하게 유지하는 것이 과제가 되고 있다.

특히 알칼리성이 높은 온천에서는 통상의 염소 **살균**만으로는 효과를 얻기 어려운 것이 문제가 되지만, 광촉매 방식의 정수장치에서는 높은 효과를 발휘하는 것으로 알려져 있다.

또한 가장 큰 특징은 광촉매 방식의 경우 균의 사체까지 분해할 수 있기 때문에 더러운 물을 깨끗한 물로 재생할 수 있다는 점이다(그림 4-22).

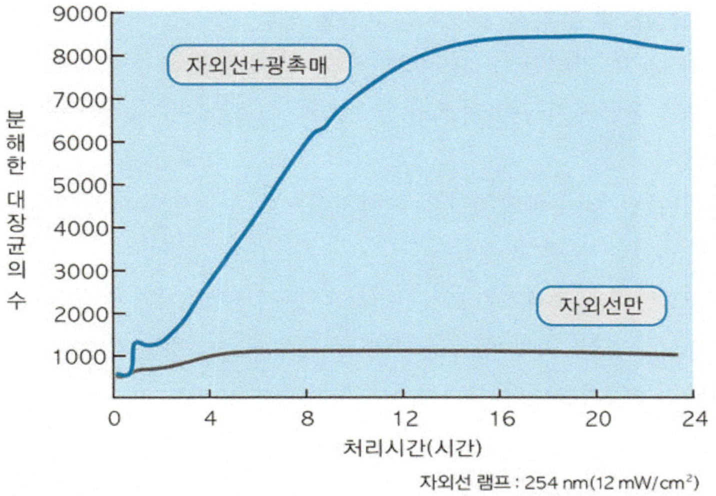

그림 4-22 광촉매 섬유에 의한 대장균의 분해 (자외선만 사용과 비교)

또한 살균에 특화된 정수장치로뿐만 아니라 난분해성의 맹독성 **다이옥신**, PCB, 시안 화합물의 분해 등 일반 산업 용도로도 뛰어난 효과를 얻을 수 있다. 예를 들어 물 속 다이옥신은 거의 100% 분해할 수 있는 것이 입증되었다.

[5] 태양광으로 농업폐수 처리! 벼농사와 토마토 재배도 광촉매 시대

광촉매 방식의 정수장치에서도 높은 효율로 광촉매 반응을 실현시키려면 광촉매 필터와 광원을 세트로 통합한 방식이 일반적이다.

그러나 농업분야에 광촉매를 활용하는 경우는 기본적으로 태양광을 에너지원으로 이용하고 있다. 여기서 농업에 다가가서 태양광을 에너지원으로 한 시스템을 생각해 보려는 시도가 성과를 거두고 있다. 이것도 하나의 발상의 전환이라고 말할 수 있다. 여기 두 가지 예를 소개한다.

하나는 벼농사에서 농약 폐액의 처리, 또 하나는 **토마토 양액재배**에 광촉매 폐액처리를 도입한 순환식 재배시스템이다.

벼농사는 그 첫 번째 씨뿌리기할 때 병해충을 방제하기 위해 농약에 담근 후 파종하기 때문에 아무래도 농약 폐액이 발생한다.

보통은 **활성탄**에 흡착시키거나 응고제를 넣는 등으로 처리한 후 최종적으로는 산업 폐기물로 처리할 것을 권장하지만, 보다 간단하게 저렴한 비용으로 처리할 수 있고 산업폐기물이 나오지 않는 방식이 있으면, 농가들도 쉽게 받아들일 것이다.

그래서 고안된 것이 태양광만을 에너지원으로 하는 광촉매를 활용한 농약 폐액처리시스템이다.

얕은 수조 안에 광촉매 세라믹 필터를 나란히 넣고 거기에 **농약 폐액**을 넣어 두는 것으로도 며칠 후에 폐액을 정화할 수 있다는 것을 알았다.

카나가와현농업기술센터와 카나가와과학기술아카데미(현 카나가와 현립산업기술종합연구소)와의 공동연구의 성과이다.

앞으로 벼 종자 소독 폐액 뿐만 아니라 다른 농약 폐액과 농약 분무기와 용기 세척 등의 처리에도 응용할 수 있을 것으로 기대된다.

[6] 유기물 제거율 거의 100%에서 종래와 같은 수준의 토마토 수확

또한 농업분야에는 자연 토양에서 재배하는 것뿐만 아니라 시설을 이용한 양액(수경)재배도 활발하다. 날씨에 좌우되는 농업에서 한 걸음 더 나아가 생육환경을 어느 정도 제어하려는 시도이다.

일본에서 양액재배가 가장 활발한 품종이 토마토이고, 이어서 딸기, 장미 등도 이루어지고 있다.

그래서 **토마토 양액재배**의 폐액처리에 광촉매를 응용하여 기존에 주류였던 「**배양액 일회 흐름방식**」에서 환경을 배려한 「**순환방식**」으로 전환을 도모하는 노력이 카나가와현농업기술센터를 중심으로 이루어지고 있다.

광촉매는 폐액 중에 포함된 **질산**과 인산 등 식물에 필요한 비료분이 되는 무기물은 분해하지 않고 불필요한 잡균 등의 유기물만을 분해제거할 수 있다. 또한 광촉매 전용 광원을 도입하지 않고 농약 폐액처리시스템처럼 태양광을 에너지원으로 한 시스템으로 구성되어 있다.

이 광촉매 처리시스템을 사용하면 갈색의 폐액이 점점 투명하게 되어 유기물 제거율은 거의 100%로 기존의 「**배양액 일회 흐름방식**」과 같은 정도의 토마토를 수확할 수 있는 것을 확인하였다.

그림 4-23 광촉매국제연구센터에서 토마토 재배 실험

그림 4-23은 광촉매국제연구센터에서 토마토 재배 실험 모습이다. 이와 같이 태양광을 에너지원으로 하는 농업과 광촉매는 궁합이 아주 좋기 때문에 앞으로도 다양한 아이디어에 의해 21세기에 요구되는 친환경농업으로 전환이 가능하여 더욱 활용될 것이다.

[7] 수산시장의 난적 「광회복현상」 극복, 안전하고 깨끗한 해수 제조

어항 근처 수산시장과 식품가공공장에서는 물고기를 씻거나 저장할 때 바다에서 펌프로 뽑어 올린 **해수**를 사용하지만, **해수** 중에는 식중독균도 포함되어 있을 수 있다. 특히 수온이 높은 여름철에는 설사와 복통 등의 식중독 증상을 일으킬 수도 있다.

그래서 자외선을 이용하여 **해수**의 살균처리를 하고 있지만, 처리한 **해수**를 **형광등** 아래에 저장해 두면 일단 살균되었다고 여겼던 균이 살아나 버리는 「**광회복현상**」이 일어나는 것으로 알려져 있다.

이것은 자외선에 의한 살균처리에서는 균은 유전자의 증식기구에 손상을 받아 기절할 뿐이며, 여기에 **형광등**이 조사되면 균의 유전자가 복구되어 되살아나 버리는 현상이다.

해수처리에 광촉매 처리를 추가하면 항균 기능 부분에서 언급했듯이, **세균**의 세포막을 파괴하고 사체까지 분해 제거하므로 균이 되살아나는 「광회복현상」이 발생하지 않고, 더 안전하고 깨끗한 해수를 제조할 수 있다.

다만, 앞 타마강의 수처리 부분에서 언급한 바와 같이 광촉매 장치로는 한 번에 대량의 해수를 처리할 수 없기 때문에, 생선저장과 진열, 가공품용 등 비교적 소량이더라도 안전하고 질이 좋은 바닷물이 요구되는 곳에 보급될 것이다.

4-7 6대 기능 ⑥ 빛으로 환경을 깨끗하게 하는 「대기정화」 효과

[1] 고대 로마제국의 세네카도 고민한 대기오염 문제

「답답한 도시의 공기, … 저 끔찍한 악취에서 벗어나자마자 나의 건강이 금새 회복되는 것을 느꼈다.」

이것은 고대 로마의 철학자이며 정치가이기도 한 세네카가 도시의 대기오염을 탄식한 말이다(서기 61년).

대기오염에 대한 가장 오래된 문헌의 하나로 꼽는 것으로, 인류가 안고 있는 도시화와 환경오염의 상관관계는 뿌리 깊다는 것을 새삼 실감할 수 있다.

게다가 세네카가 오염된 환경에서 탈출하면 금방 건강이 회복하는 것을 2000년 전에 실감하고 있는 것도 놀랍다.

그 후 유럽의 산업혁명과 일본의 고도성장기처럼 사회의 발전단계에서는 반드시라고 말해도 좋을 만큼 그 부정적인 측면으로 대기오염 문제를 동반하는 것이다. 그러나 그와 동시에 과학적인 연구도 진행되어 행정적인 규제의 근거가 제안된 것도 사실이다.

[2] NOx를 제거하고, 비용도 최소화하는 획기적인 시스템은?

현재는 석유에 많이 함유된 황 성분에서 유래하는 황산화물(SOx)에 관해서는 **탈황장치**의 설치가 진행되어 선진국에서는 가장 많았던 시기의 1/6 정도까지 감소하고 있다.

그런데 이른바 「광화학스모그」를 일으키는 원인이 되는 **질소산화물(NO_x)** 등은 선진국에서도 크게 저감시키지 못하고 있는 것이 현실이다.

또한 최근 문제가 되고 있는 **입자상물질**(PM, Particulate Matter), **초미세 입자상물질(PM2.5)** 등 세네카에서 2000년 가까이 지난 21세기에도 인류는 대기오염에 관해서 많은 과제를 그대로 안고 있다. 지구상에 사는 모든 생물의 건강을 보호하는 관점에서도 대책을 미룰 수 없는 상황이라고 말할 수 있다.

그러던 중 **대기정화** 기술의 하나로서 NOx를 제거할 수 있는 광촉매 기능에 주목하여 다양하고 독특한 제품들이 생겨나고 있다.

NOx는 질소원자(N)와 산소원자(O)가 결합하여 생성되는 물질의 총칭으로 **일산화질소**(NO), **이산화질소**(NO_2) 등이 포함된다. 대기오염의 상시 감시에서는 NO와 NO_2의 합을 NOx로 모니터하고 있다.

NOx는 연료를 고온에서 연소시킬 때 연료 중이나 공기 중의 질소와 산소가 결합되어 발생한다. 발생원은 공장이나 화력발전소, 자동차, 가정 등 다양하며 연소온도가 높을수록 발생량이 많아진다.

NOx가 발생하여 대기 중에 방출될 때에는 그 대부분은 NO이지만 대기를 이동하는 과정에서 공기 중의 산소와 반응하여 NO_2로 된다. NO_2는 호흡으로 인체에 들어오며, 고농도 흡입 시 호흡기에 악영향을 미친다. 또한 **산성비**나 광화학옥시던트(Ox)의 원인물질의 하나이다.

Ox는 자동차나 공장 등에서 배출된 질소산화물이나 **휘발성유기화합물(VOC)**이 자외선을 받아 광화학반응을 일으켜 생기는 물질이다. 고농도의 Ox가 대기 중에 존재하는 현상을 「광화학스모그」라 하며, 눈의 통증이나 구토, 두통 등을 일으켜 문제가 되고 있다.

광촉매에 의해 NOx가 제거되는 원리는 간단하지 않지만, 광촉매 표면에 빛이 닿으면 공기 중의 NOx는 산화되어 NO_2를 거쳐 최종적으로는 **질산(HNO_3)**이 생성되는 것으로 알려져 있다. NOx가 발생단계에서 유리되지 않도록 **활성탄**과 같은 **흡착제**를 병용하기도 한다.

생성물인 질산이 축적되면 광촉매 반응을 저해하고 NOx 제거 효율이 떨어지는 문제가 발생하지만, 실외에서 이 시스템을 이용하는 경우 비가 오면 자연스럽게 질산을 씻어주기 때문에 지속적으로 이 시스템을 활용할 수 있다(그림 4-24).

즉 더러움 방지의 셀프클리닝 기능과 마찬가지로 여기서도 정화재료를 설치한 후에는 태양광과 빗물이라는 자연에너지를 활용하여 환경 대기정화를 할 수 있다. 에너지 비용과 **유지보수 비용** 문제에서 거의 해방되는 장점이 있어 매우 획기적인 시스템이라 할 수 있다.

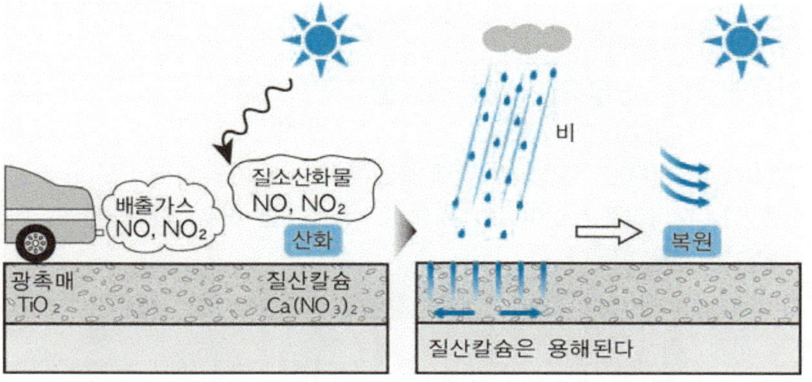

그림 4-24 광촉매에 의해 NOx를 제거하는 획기적인 대기정화 메커니즘

Column

민들레가 「농부의 시계」로 불리는 이유

2007년에 필자는 「나팔꽃은 언제 꽃을 피우는가?」(카나가와신문사)라는 책을 출판했다. 나팔꽃은 어두워진 뒤 9시간 후에 꽃을 피우지만, 민들레는 아침이 밝으면 꽃을 피운다.

밝아지면 피우고 어두워지면 닫는 것으로 민들레의 꽃은 서양에서는 「농부의 시계」라 부른다고 한다.

민들레는 매우 재미있는 식물이다. 서양 민들레와 일본 민들레 등이 있지만, 일본 민들레는 일본에 있는 민들레의 총칭이다.

지역에 따라 부르는 명칭이 달라 Tokyo에서는 「관동민들레」, 나고야에서는 「동해민들레」, 관서지방에서는 「관서민들레」, 북쪽 지방에서는 「에조민들레」, 서부에서는 「하얀꽃잎민들레」라고 한다.

그러나 현재는 서양민들레가 엄청난 기세로 번식하여 일본 전역이 서양 민들레로 퍼져 버렸다.

그럼 일본민들레와 서양민들레의 차이는 무엇일까?

총포(꽃 봉오리를 감싸고 있는 잎이 밀집해 있는 부분)가 잘록한지 딱 붙어 있는지에 따라 서양민들레와 일본민들레를 구분할 수 있다.

왜 서양민들레가 이렇게 많아진 것일까? O. Tanaka 저서 「잡초의 이야기」(중앙공론신사, 2007)에 따르면, 다음과 같은 것을 알 수 있다.

민들레는 봉오리 하나가 하나의 꽃이 아니라 꽃잎 하나 하나가 꽃으로 각각이 씨앗을 만든다. 꽃잎이 200개 모여 있는 것이 1개의 민들레이다. 일본민들레는 수분(수술의 화분이 암술머리에 옮겨 붙는 일)하지 않으면 씨앗을 맺지 못하지만, 서양민들레는 수분하지 않아도 씨앗을 맺을 수 있는 클론계(자가수분계)라고 한다. 게다가 3개월마다 200개의 씨앗이 만들어져, 서양민들레는 개화 3일 후에는 시들어 버린다. 얼마 후 줄기가 쑥쑥 자라고 솜털(홀씨)이 만들어져, 바람이 불면 대나무잠자리처럼 홀씨가 날아가 점점 늘어가는 것이다.

제 5 장

「인공광합성」 최신 상식

5-1 자원·에너지·환경 문제와 광합성의 메커니즘

[1] 클로로필(엽록소)이 활약하는 「Z 스킴」이란?

광합성이라는 반응은 생명의 기원과 깊은 관계가 있다. 지구상에서 최초로 박테리아가 광합성에 이용한 것은 물이 아니라 **황화수소**와 유기산이었지만, 뒤이어 **시아노 박테리아**가 출현하여 물을 광분해하여 산소를 발생시키는 유형의 광합성이 이루어지게 되었다.

그 때까지 지구상의 대기는 질소와 이산화탄소가 대부분이었고 산소는 거의 없는 상태였지만, 25억년 전에 시아노 박테리아가 크게 번식하게 된 것을 계기로 산소가 증가하게 되었으며, 그 후 생명의 다양한 진화를 일으킨 원동력이 된 것으로 생각되고 있다.

산소를 발생하는 유형의 광합성 생물이 지니고 있는 클로로필(엽록소)은 태양의 빛에너지를 흡수하여 화학에너지로 변환시키는 광안테나의 역할을 담당하고 있으며, 2종류의 「**광화학반응 중심**」을 가지고 있다 .

각각 PS I (Photosystem I : 광화학계 I), PS II (Photosystem II : 광화학 계 II) 라고 불리는데 이용하는 빛의 파장이 다르며, 결과적으로는 태양광을 효율적으로 이용하는 메커니즘으로 되어 있다.

그림 5-1에 나타낸 반응경로는 2단계로 이어진 형태를 나타내므로 「**Z 스킴**」이라고 불린다. 뒤에 언급하는 바와 같이, 인공광합성 연구 중에는 식물이 오랜 진화의 과정을 통해 채택해 왔던 「Z 스킴」을 모방하여 고효율의 시스템을 만들려는 탐구도 활발히 이루어지고 있다.

또한 식물에 의해 이루어지는 광합성에서 에너지 변환 반응으로서 중요한 것은 물에서 전자를 빼앗아 최종적으로는 이산화탄소에서 당을 만드는 환원반응에 전자를 사용하는 것이다. 이를 본 따서 이산화탄소의 환원을 목적으로 하는 **인공광합성** 연구도 행해지고 있다.

이러한 연구의 궁극적인 목적은 **이산화탄소**를 유용한 유기물로 환원시키는 것으로써, 인류의 식량 자원 문제와 **지구온난화 문제**를 일거에 해결하자는 것이다.

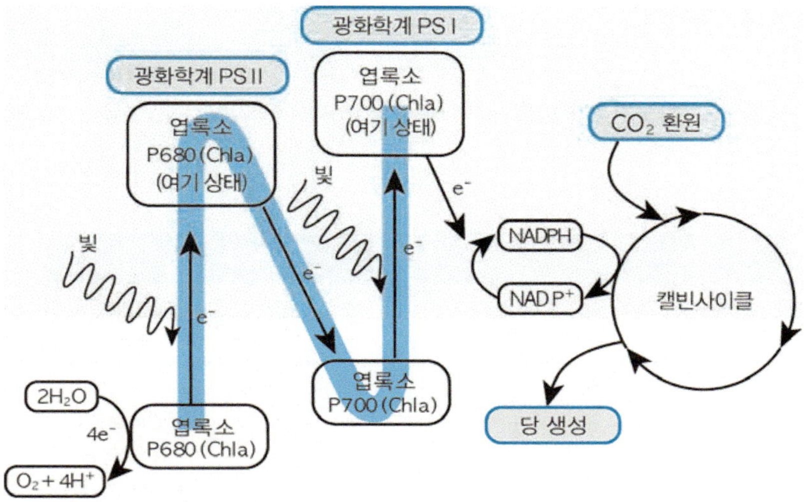

광합성에서는 2가지 광펌프와 캘빈 사이클로 당을 생성한다. 빛의 펌프 PS I, PS II에서 물로부터 얻은 전자를 운반하는 흐름이 Z자처럼 되어있다(Z 스킴).
전자는 이산화탄소로부터 당을 생성하는 캘빈사이클이라 부르는 화학반응 사이클로 이동한다.

그림 5-1 광합성에서 「Z 스킴」과 캘빈 사이클

[2] 화석연료가 안고 있는 두 가지 문제점

화석연료로는 석탄, 석유, 천연 가스 등이 있지만, 최근에는 메탄 하이드레이트와 셰일가스의 이용을 검토하고 있는 나라도 있다.

이들 화석 연료들의 본래의 근원은 지구상에 나타났던 생명체가 광합성 반응의 결과로 자신의 체내에 축적한 유기물이며, 긴 세월을 거쳐 지층 속에서 가열, 가압되는 등의 변천 과정을 거쳐 형성된 것이다.

따라서 현재 우리 인류가 문명의 활동에 이용하고 있는 에너지 자원의 대부분은 광합성반응을 통해 태양광과 식물에서부터 유래한 것이라 할 수 있다.

화석연료는 크게 두 가지 문제점을 가지고 있다(그림 5-2, 그림 5-3).

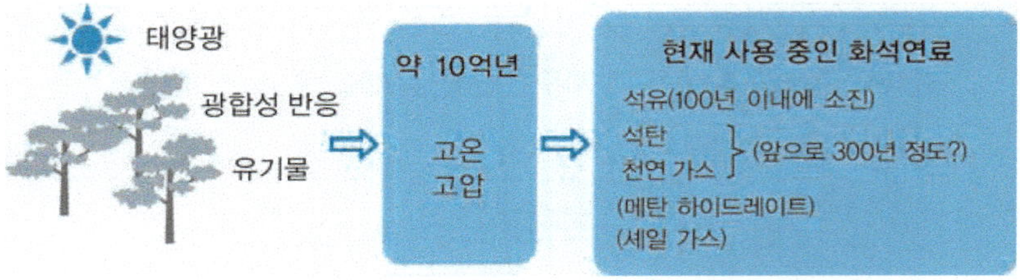

그림 5-2 화석연료가 만들어지는데는 약 10억년이 걸렸지만, 석유는 100년에 소진

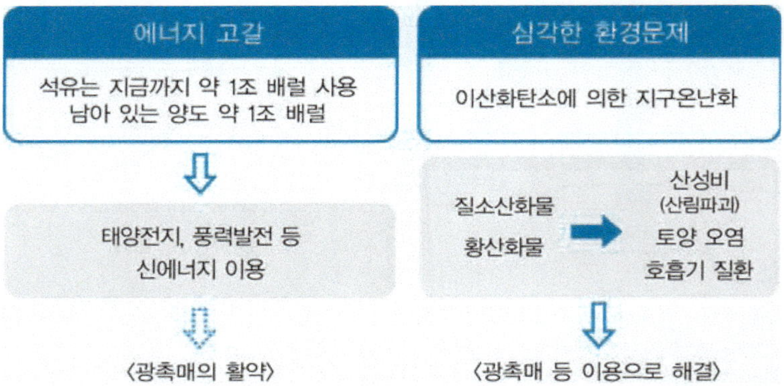

그림 5-3 화석연료의 두 가지 문제점

하나는 **에너지 고갈** 문제이다.

화석연료가 형성되는 데까지 걸린 엄청난 시간을 감안할 때, 인류는 너무 성급하게 그것을 채굴하여 바로 물 쓰듯 쓰고 있는 것이 21세기 초반 현재의 상황이다.

경제의 세계화, 아시아·아프리카 개발 등에 의해 향후 에너지 소비가 더욱 증대해 나갈 것이다. 석유의 매장량이 얼마이고 앞으로 몇 년이나 더 유지될지를 예측하는 것은 접어두더라도, 영원히 화석 연료에 의존해 나가는 것이 불가능하다는 것은 분명한 사실이다.

따라서 화석 연료를 대체할 수 있는 에너지의 탐색은 세계 과학계에 주어진 중요한 요구사항이다.

특히 식물의 광합성을 모방하여 태양광으로 물을 분해하여 얻은 **수소**를 청정 에너지로 활용하는 것은 궁극적으로 에너지 문제를 해결할 수 있는 인류의 희망이요, 꿈으로 주목 받고 있다.

인공광합성 연구에서 **수소 생성계**라고 부르는 연구 방향이다. 이에 대해서는 뒤에 다시 서술하고자 한다(5.3[1] 참조).

화석연료가 안고 있는 또 하나의 문제는 심각한 환경 문제이다. 화석연료를 태우면 이산화탄소가 발생한다. 또한 화석연료에 포함된 **질소산화물(NO_x)**과 황산화물(SOx) 등의 불순물도 대기 중에 방출된다. 이들은 대기오염을 일으키는 원인이 되고 **산성비**에 의한 **산림 파괴** 및 **토양 오염**, **호흡기 질환**, 지구온난화 등 심각한 환경 문제를 일으키는 요인이 되고 있다.

대기정화는 광촉매의 응용 연구 중에서도 중요한 6대 기능 중 하나로서 열심히 연구하고 있는 분야이다.

그 발단은 언젠가 물을 광분해시킬 만큼 강력한 광촉매 산화분해력을 활용하여 세상에서 인류의 건강과 행복에 유용하게 기여할 수 있는 연구를 하자고 마음먹은 때인 것 같다.

영어로 번역한다면 「If you can do one thing well in your lifetime, that's good enough. You do not have to know much about other things.」가 되지 않을까 싶다.

5-2 물 광분해의 감동과 광촉매계의 탄생

[1] 50년 전 실험에 성공했던 「광 증감 전해산화」 메커니즘

저자가 Tokyo대학 대학원생이었던 시절, **반도체**를 전극으로 사용하면서 물 속에서 빛을 쪼여 주는 연구가 미국, 독일을 중심으로 시작되었다.

저자도 당시 최신 논문을 읽고 게르마늄과 **산화아연**을 사용하여 연구를 시작하였다. 결과는 독일의 프리츠하버연구소의 게릿샤 교수가 논문에 썼던 것처럼, 반도체 전극 자신이 빛을 받음으로 인해 녹아버려 표면이 너덜너덜해져 버렸다.

지금부터 50년 전인 1967년, 저자는 운 좋게도 산화티탄의 단결정을 얻을 수 있었고, 백금을 상대전극으로 하는 전극계를 만들어 빛을 쪼이는 실험을 행하였을 때, 물을 산소로 쉽게 분해할 수 있다는 것을 발견하였다(그림 5-4).

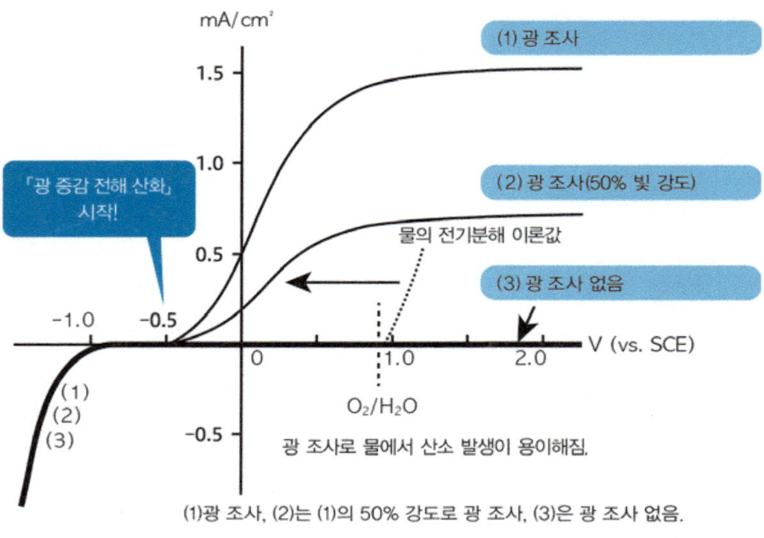

그림 5-4 산화티탄 전극의 기본적인 「전류-전위 곡선」

며칠 동안 빛을 계속해서 쪼여도 산화티탄 자체는 용해하지 않았으며, 그 표면의 특성은 변함없이 반짝이는 상태로 유지되었다.

그림 5-4는 전류-전위 곡선인데, 물에서 산소가 발생하려면 이론적으로 pH 7의 중성 전해액 중에서 참조 전극에 대해 약 1.0 V가 요구된다. 실제 전극으로 백금 (Pt) 등을 사용하면, 이 이론 값보다 0.3 ~ 0.5 V정도 더 큰 과전압을 인가하지 않으면 물에서 산소가 발생하지 않는다.

그러나 그림 5-4와 같이 빛이 쪼여진 산화티탄 표면에서는 물 분해에 의한 산소 발생이 약 -0.5 V에서 시작되고 있다.

저자는 이 현상을 「**광 증감 전해산화**」라고 불렀고, 당시 일본화학회 논문집 「공업화학 잡지」에 발표하였다(「TiO_2 반도체 전극에서의 광증감 전해산화」, A. Fujishima, K. Honda, S. Kikuchi, 72권, 제1호, 108-113, 1969).

또한 산화티탄 표면에서 산소가 발생하면 동시에 H^+ 이온이 생성되기 때문에, 빛을 받았을 때, 산화티탄 전극이 담긴 전해조 용액의 pH도 감소할 것이라고 생각하고 실험을 수행하였다.

그림 5-5에 그 때의 실험 장치, 그림 5-6에 얻어진 실험 결과를 나타내었다. 백금 전극을 1.5 V로 설정하고 물 분해시켰을 때와 1.5 V보다 낮은 전압 (0.0 V, 0.5 V)으로 설정하여 산화티탄 전극에 빛을 조사하였을 때 동일한 pH 변화가 일어나는 것을 관찰하면서, 예상한 바와 같은 결과가 얻어졌을 때의 감동은 매우 컸으며 지금도 연구에서 얻은 즐거움으로 기억하고 있다.

[2] 물의 광분해 발견에 이르게 한 중요한 과학사

더욱이 이 현상은 식물이 수행하고 있는 가장 중요한 반응인 광합성 반응의 초기 과정, 즉 엽록소가 햇빛을 받아 물을 분해하고 산소를 발생시키고 있는 과정과 동일한 것은 아닐까? 하고 생각하면서 밤에도 잠이 오지 않을 정도로 기뻐했던 일이 지금도 생생하게 기억에 남아 있다. 그리고 얻은 결과는 속보로 논문지에 발표하였다(Electrochemical Evidence for the Mechanism of the Primary Stage of Photosynthesis, A. Fujishima, K .Honda, Bull. Chem. Soc. Japan, 44(4) 1148, 1971).

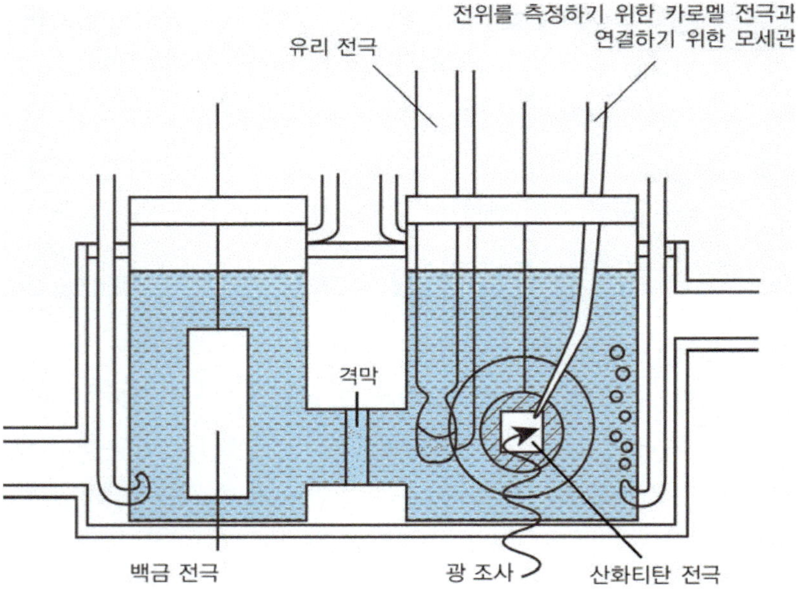

그림 5-5 pH 변화 실험에 사용한 전해셀 구조

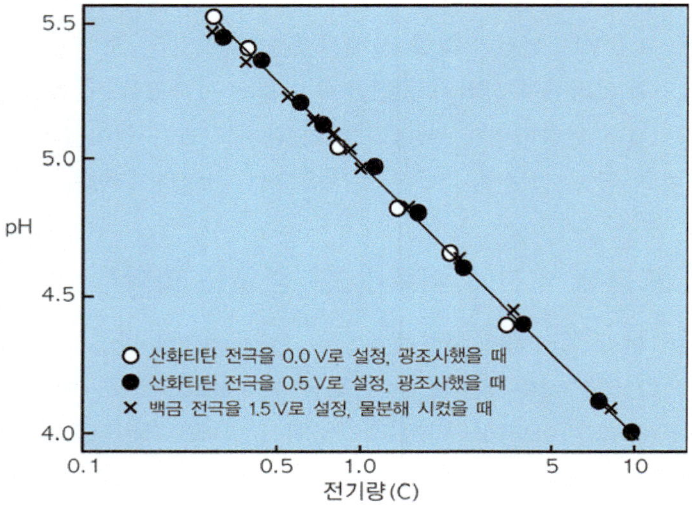

그림 5-6 산화티탄 전극, 백금 전극에 인가한 전기량의 로그값과 pH의 관계

과학사를 간략히 나열해 보면 안토니 칼라일과 윌리엄 니콜슨이 처음으로 **물**

의 전기분해에 성공한 것은 1800년이었다. 이는 이탈리아의 알렉산드로 볼타가 **볼타 전지**를 발표한지 얼마 되지 않아 행한 실험이었다(표 5-1).

표 5-1 물의 광분해 발견에 이르기까지 주요 과학사 연표

1648년	얀 반 헬몬트(1579-1644) : 버드나무 실험 (후에 광합성의 존재 시사) (1648년, 그의 아들이 아버지의 유고를 정리한 「의학의 기원」 간행)
1754년	조셉 블랙(1728-1799) : 이산화탄소 발견
1766년	헨리 캐번디시(1731-1810) : 수소 발견 (명명은 1783년 라보아제)
1771년	칼 빌헬름 셸레(1742-1786) : 산소 발견*
1774년	조셉 프리스틀리(1733-1804) : 산소의 발견 (명명은 라보아제)
1800년	알렉산드로 볼타(1745-1827) : 볼타전지 발명 같은 해, 안토니 칼라일(1768-1840)과 윌리엄 니콜슨(1753-1815) : 볼타전지를 사용하여 물의 전기분해를 처음으로 성공
1806년	험프리 데이비(1778-1829) : 전기분해로 나트륨, 칼륨 등 발견. 그 후 칼슘, 마그네슘, 붕소, 바륨 등 총 6원소 발견
1833년	마이클 패러데이(1791-1867) : 패러데이의 전기분해 법칙
1839년	알렉산드르 에드몽 베크렐(1820-1891) : 광기전력 효과(베크렐 효과) 발견
1883년	찰스 프리츠(1850-1903) : 최초 태양전지 발명 (에너지 변환효율 1% 이하)
1905년	알베르트 아인슈타인(1879-1955) : 광양자 가설로 광전효과 설명
1954년	게라루도 삐아손(1905-1987) 등 (벨연구소) : 실리콘 태양전지 발명
1958년	태양전지를 세계 최초로 실용화, 인공위성에 태양전지 탑재 (미국)
1960년	리처드 윌리엄스(불명) : 다양한 반도체를 전극으로 한 광응답 보고
1966년	하인츠 게리샤(1919-1994) : 산화아연의 광용해반응에 의한 산소 발생 보고
1967년	후지시마 아키라(1942-), 혼다 켄이치(1925-2011), 키쿠치 신이치(1902-1997) : 물의 광분해 발견 (「Honda·Fujishima 효과」) 첫 발표 저널 (「공업화학잡지」 1969년)
1972년	「Nature」지 보고(A. Fujishima and K. Honda, Nature, 238, 37, 1972)

* 셸레에 의한 산소 발견은 프리스틀리보다 빨랐지만, 실험 결과를 정리한 저서의 출간보다 프리스틀리의 논문 제출이 빨랐기 때문에 현재는 프리스틀리가 산소의 발견자로 되어 있다.

이 후 「물을 분해하기 위해서는 전압이 필요하다」는 것이 상식이 되었음에도 「빛으로 물을 분해할 수 있다」라는 내용을 학회에 보고했을 때, 처음에는 전혀 믿어주지 않았다. 뿐만 아니라 「전기화학을 다시 더 공부하고 오라」고 말하면서 박사학위 논문 심사도 난항을 겪을 정도였다.

[3] 「Nature」에 논문이 게재된 이유

저자는 산화티탄 전극 상에서 일어나는 「**광 증감 전해산화**」에서 물로부터 산소가 발생하는 것이 마이너스 전위에서도 일어나기 때문에, 수소 발생이 쉬운 백금 전극과 조합시키면 물을 분해시킬 수 있는 「습식 광전지」가 만들어질 수 있는 것은 아닐까? 라고 생각하여 실제로 물을 분해시켜 보았으며 그림 5-7은 실험장치이다.

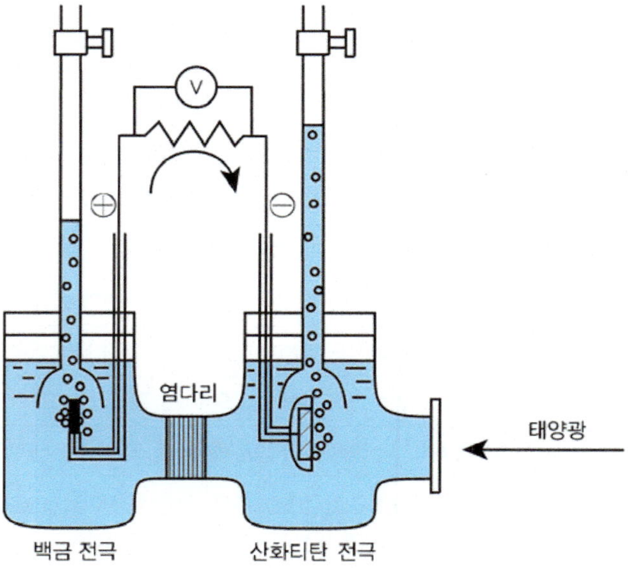

그림 5-7 1972년 발표한 산화티탄 전극을 이용한 물 분해 실험

이 결과를 1972년에 지도교수인 K. Honda 교수와 연명으로 과학저널 「Nature」에 투고해 보았다. 일반적으로 「Nature」에 논문 투고하면 「이 내용은 중요하지만 우선 다른 전문지에 투고하도록」하고 게재를 거절하면서 즉시 반송되어 온다. 또한 운이 좋게 몇몇 전문가에 의한 심사에 들어가더라도 여러가지 다른 의견이 돌아오기 때문에 채택되는 논문은 극히 일부에 불과하다.

그러나 저자들의 논문은 즉시 채택이라는 답변이 왔으며 무수정으로 인쇄되었다. 「Nature」의 심사 위원은 **「물의 광분해」**라고 하는 지금까지 전혀 알려져 있지 않은 내용이었음에도 불구하고 그 중요성을 이해해 준 것이다. 따라서 이 논문은 교정할 기회도 없어서 그림에 대한 자세한 설명도 적지 못하였다.

이 논문은 게재된 이후 많은 연구자들에 의해 인용되었다. 이듬해에 일어난 오일쇼크에 의해 석유를 대신할만한 최고의 청정에너지로 **수소**를 제조할 수 있다는 점에서 본 주제는 전 세계의 이목을 끌었다.

[4] 1974년 설날 「아사히신문」 1면 톱, 「아사히상」, 「톰슨·로이터 인용영예상」 수상

그리고 1974년 설날에 「아사히신문」의 1면 톱으로 「태양으로 꿈의 연료」라는 내용이 보도되었다(그림 5-8).

이 보도를 계기로 **「Honda·Fujishima 효과」**가 알려지게 되었고 일본 국내의 상황도 크게 바뀌었다.

1983년 1월에는 R. Shiba 씨 등과 함께 「아사히상」 을 수상하게 되었다. 그 후, 2012년에 **「톰슨·로이타 인용영예상」**을 수상할 수 있었던 것도 이 「Nature」 논문이 많은 연구자들에 의해 인용되었기 때문이다(그림 5-9).

太陽で"夢の燃料"

日本科学者発見の原理に脚光

水中の半導体に光あて

水素ガスを採取

各国が注目

実用化にはなお時間

그림 5-8 1974년 설날 「아사히신문」 1면 톱 기사

2012 Thomson Reuters Citation Laureate

In recognition of your research and work in the field of: **Chemistry**

Dr. Akira Fujishima

Tokyo University of Science

With gratitude and appreciation for your dedication to the field of **chemistry**, Thomson Reuters is pleased to recognize you as a leader in this area based on the influence of your work as determined through citation analysis.

KEITH MACGREGOR
Executive Vice President,
Scientific & Scholarly Research

THOMSON REUTERS

그림 5-9 2012년 「톰슨·로이터 인용영예상」 수상

저자는 산화티탄에 빛을 쪼였을 때, 산소가 발생한 것에 특히 감동하였다. 물론 수소는 에너지원으로서 중요하지만, 그보다도 이 반응이 식물의 광합성을 닮은 것에 강하게 매료되었다. **광합성**은 지구상의 생명과 에너지의 순환을 지원하는 매우 중요한 반응이다.

식물의 광합성 과정은 매우 복잡하고 현재도 연구가 계속 수행되고 있으며, 반응과정은 그림 5-1에 나타낸 바와 같이 진행된다.

[5] 광촉매 정의

어느 날 아침 저자는 집 근처의 공원에 개를 산책시키러 나갔다. 벚꽃나무 잎에 햇빛이 쏟아지고 있는 것을 보면서 문득 생각하게 되었다. 「Honda·Fujishima 효과」는 이러한 **광합성** 과정과 서로 상관관계가 있는 것은 아닐까? 라고.

즉 산화티탄에 의한 산소의 발생, 외부 부하(저항선)에 의한 에너지 변환, 백금 전극상에서 수소의 발생이 각각 **광합성**의 3가지 과정에 대응하고 있는 것은 아닐까? 라는 생각을 하게 되었다.

그리고 지금은 엽록소와 산화티탄 전극은 같은 「광촉매」의 동료관계에 있는 것으로 파악할 수 있게 되었다.

「광촉매」란 「자신은 반응 전후에 변화하지 않지만, 빛을 흡수함으로써 반응을 촉진하는 물질」로 정의할 수 있다.

식물의 광합성에서는 엽록소가 「광촉매」로서 거동하고 태양의 빛에너지를 흡수하여 물을 분해함으로써 산소를 방출하며, **이산화탄소**로부터 유기물을 합성하게 된다.

2013년 Tokyo이과대학 카츠시카 캠퍼스가 Tokyo도 카츠시카구 카나마치에 건설되었다. 그 도서관 홀 1층에 Tokyo이과대 사이언스 도장을 만들어 학내 교수들의 최신 연구 성과를 전시하고 있으며, 그곳에 광촉매 코너도 열고 있다.

태양광을 **광덕트**를 통해 옥상으로부터 유도하여 산화티탄 표면에 비추면 산소가 발생하며, 백금 전극에서는 수소가 힘차게 발생되는 모습을 관찰할 수 있다. 그림 5-10의 전시 판넬은 물 광분해계와 식물의 광합성계의 유사성을 보여주고 있다.

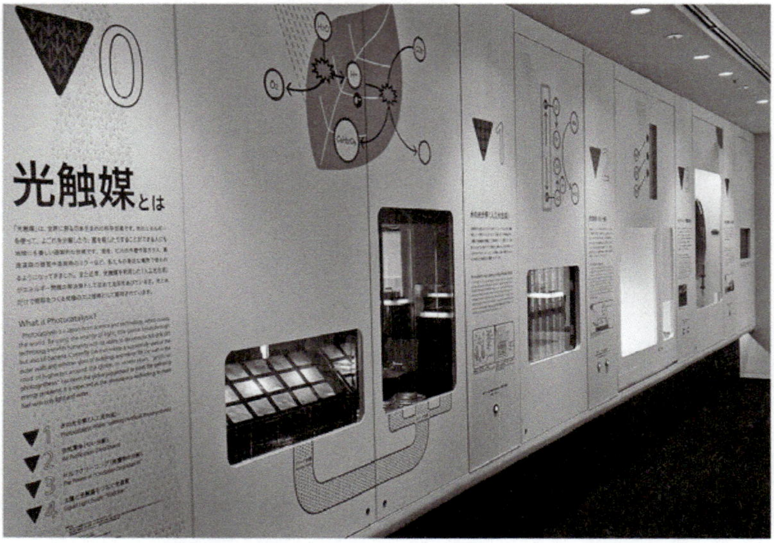

그림 5-10 Tokyo이과대학 사이언스 도장에 있는 광촉매 설명 판넬

「광촉매」의 거동을 알았으니 식물이 수행하고 있는 광합성을 인공적으로 높은 효율로 재현하는 것도 가능한 것은 아닐까? 지금 인류의 예지를 모아 그것을 시도해 보려는 움직임이 활발해지고 있다.

[6] 산화티탄에서 수소를 얻는 것은 한계가 있다는 발견

1974년 설날, 「아사히신문」에서 「태양에서 꿈의 연료」라고 보도되어 주목을 받았던 것은 매우 고마웠지만, 많은 분들로부터 「수소는 얼마나 발생하는가?」, 「값싸게 만들 수 있는가?」 등 질문이 쇄도하였다.

이 때문에 산소의 발생이나 식물의 광합성과의 유사성에 감동하면서도 수소 제조를 생각하지 않을 수 없게 되었다.

산화티탄의 단결정은 고가이기 때문에 이번에는 골프채 샤프트 등에 사용되는 금속 티탄의 얇은 판을 그림 5-11과 같이 버너로 구워서 표면에 **산화 피막**을 형성시키고 산화티탄으로 만든 전극을 서로 연결하여 수소를 발생시켰다(그림 5-12).

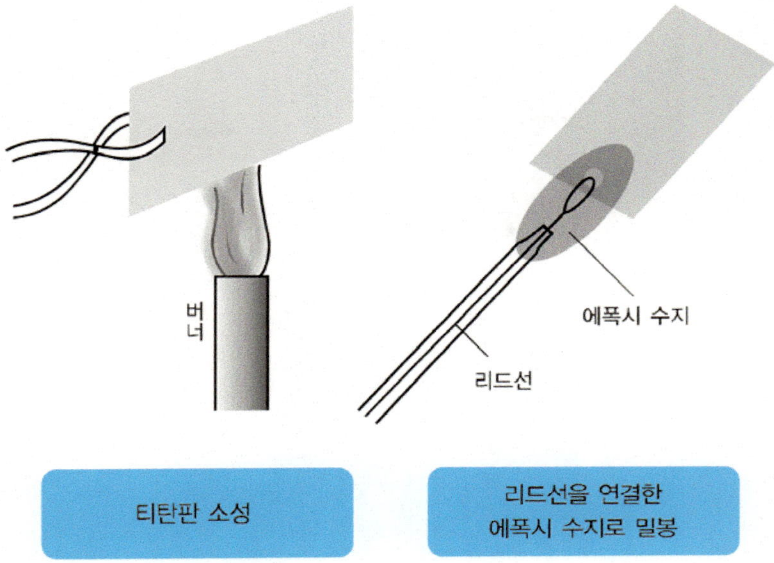

그림 5-11 티탄판을 소성하여 산화티탄 제조

그리자 Tokyo대학 공학부 5호관의 옥상에서 1 m^2의 산화티탄 전극으로부터 하루에 7리터의 수소를 얻을 수 있었다.

작은 기포가 많이 나와 감동적이었지만 성냥불을 붙이면 순식간에 불타버렸다. 수소는 **연료전지**의 원료이기 때문에 태양과 물에서 높은 효율로 수소를 제조할 수 있다면 가장 바람직할 것이다.

그리고 「에너지 변환효율은 어느 정도인가?」라는 질문을 받게 되었다.

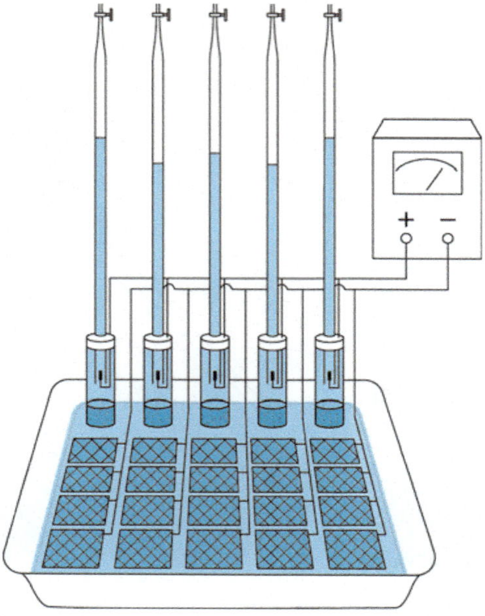

그림 5-12 산화티탄 전극을 사용한 태양광 조건에서 수소 발생 실험

이 7리터의 수소에 대한 에너지 변환효율을 계산하였더니 0.3%에 해당하였다. 이는 산화티탄이 **근자외선** 밖에 흡수할 수 없기 때문이다. 산화티탄을 여기시킬 만큼 충분한 에너지를 가진 광자(빛입자)가 태양광 중에는 적으며, 산화티탄 단독으로 수소를 효율적으로 발생시키는 것은 어렵다는 것이 밝혀졌다.

그리하여 산화티탄을 개량하거나, 다른 **금속산화물**이나 **금속질화물** 등을 사용하며, 태양광에 포함된 가시광도 이용할 수 있는 광촉매계의 탐색이 세계적으로 이루어지게 되었다.

5-3 가속화하는 「인공광합성」의 최신 동향

[1] 태양전지와 물 전기분해의 하이브리드계

최근 광촉매를 이용하여 물과 이산화탄소로부터 수소, 가솔린 등의 연료와 메탄올, 올레핀과 같은 화학제품을 제조하는 인공광합성 관련 연구가 활발히 진행되고 있다.

인공광합성이라는 테마는 앞에서도 언급한 바와 같이 「**Honda·Fujishima 효과**」의 발견이 계기가 되어 전 세계의 연구자들이 다양한 광촉매나 **반도체 광전극**을 이용하여 연구하기 시작한 분야이다.

그림 5-9에 나타낸 「톰슨·로이타 인용영예상」 수상 이후에도 논문의 피인용수는 계속 증가하고 있으며, 이 분야의 연구가 세계적으로 활발히 진행되고 있음을 나타낸다(그림 5-16 참조).

넓은 의미에서 인공광합성 연구 분야에는 광촉매·광전극계 이외에 태양전지와 **물의 전기분해** 셀의 조합(**하이브리드계**)에 관한 것들도 포함되어 있다.

하이브리드시스템은 태양전지에서 빛에너지를 흡수하고 전기분해 셀에서 화학반응을 일으키는 구조이다.

저자는 2017년 5월 헝가리에서 열린 **광전기화학** 분야의 국제회의에서 기조연설을 한 바 있는데, 이 때 주최측인 미국 노트르담대학의 P. Kamat 교수와의 대담 기사가 「ACS Energy Letters, 2, 1586 (2017)」에 게재되었다. 여기에 「광촉매에 의한 물분해는 태양전지에서 얻은 전력으로 물을 전기분해하여 수소를 얻는 방법과 에너지 변환효율을 비교하면서 연구하는 것이 중요하다」고 기술하였다(그림 5-13).

그림 5-13 **하이브리드시스템에 의한 수소 생성**

최근 「응용물리」 저널 (2017년 8월호)에 Tokyo대학, 미야자키대학, 키타큐슈시립대학의 교수들이 이 방면의 연구성과를 발표하였는데 **태양광의 에너지 변환효율**을 24.4%까지 높였다.

[2] 주목을 끄는 「금속산화물 재료」

태양전지와 전기분해 셀을 일체화시킨 **인공잎(artificial leaf)**의 개발도 미국 하버드 대학의 D. Nocera 교수 등을 중심으로 활발하게 이루어지고 있다.

실용화에 있어서는 효율성과 동시에 비용의 문제도 있기 때문에 저렴하게 넓은 면적으로 전개시킬 수 있는 태양전지의 개발이 요구되고 있다.

또한 전기분해 셀은 저렴하면서 더 작은 과전압에서 작동되는 전극 촉매가 요구되므로 고체 및 분자 촉매에 대한 연구도 진행되고 있다.

한편 광촉매·광전극계의 재료로서는 「Honda·Fujishima 효과」에서 이용한 산화티탄 등의 **금속산화물** 이외에 다른 **금속질화물**, 금속황화물 등이 반도체적인 성질을 가지고 있기 때문에 인공광합성에서 가장 유망한 촉매군 중의 하나이다.

그 중에서도 금속산화물 재료는 비교적 간단하게 대량으로 합성할 수 있기 때문에 값싸게 넓은 면적으로 전개시키는 점이 요구되는 실용화에 있어 유리한 재료로 간주되고 있다. 반도체 재료 이외에도 금속착체(금속이온 화합물과 유기화합물이 결합된 것) 등을 이용한 연구도 활발하게 진행되고 있다.

[3] 가시광선으로도 물을 완전 분해! 「단일 입자형」과 「Z 스킴형」의 메커니즘

1967년의 「Honda·Fujishima 효과」 발견 이후 물의 광분해를 위해 효율이 높은 광촉매 재료를 계속 탐색하고 있지만, 좀처럼 획기적인 재료라고 할 만한 것은 보이지 않고 있다.

그러나 21세기에 들어와서 **가시광 응답형**으로 물을 완전분해시키는 것이 가능한 금속옥시나이트라이드라는 화합물군의 광촉매계가 발견되었다.

또한 금속산화물 재료에서도 약 500 nm(나노미터)까지의 빛에 반응하여 물을 완전히 분해시킬 수 있는 재료가 보고되고 있다. 이들은 한 종류의 광촉매를 이용하는 타입의 재료로서 **단일 입자형** 광촉매라고 불린다(그림 5-14).

이에 대해 두 종류의 광촉매를 조합시킨 유형의 재료는 Z 스킴형 광촉매라고 부르고 있다.

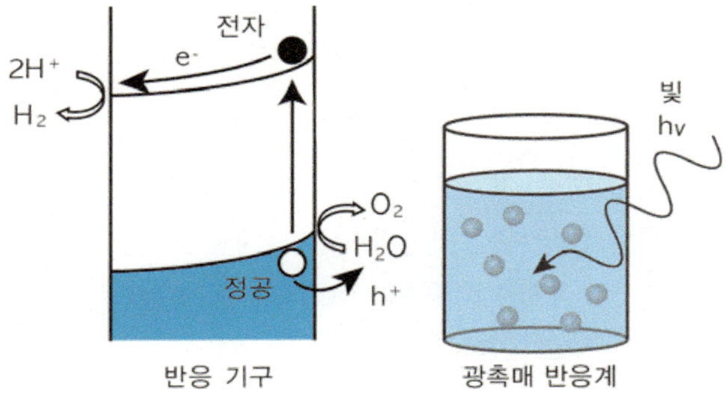

그림 5-14 「단일 입자형 광촉매」 메커니즘

이는 그림 5-1에서 언급한 식물의 광합성 메커니즘을 모방하여 수소 생성 광촉매 입자와 산소 생성 광촉매 입자 및 두 입자 사이에서 전자의 상호교환을 수행하는 전자 전달계로 구성되어 있다.

각 촉매 입자의 밴드갭은 단일 입자형 광촉매에 비해 작아도 좋기 때문에 보다 장파장의 가시광을 이용한 물분해가 가능하다(그림 5-15).

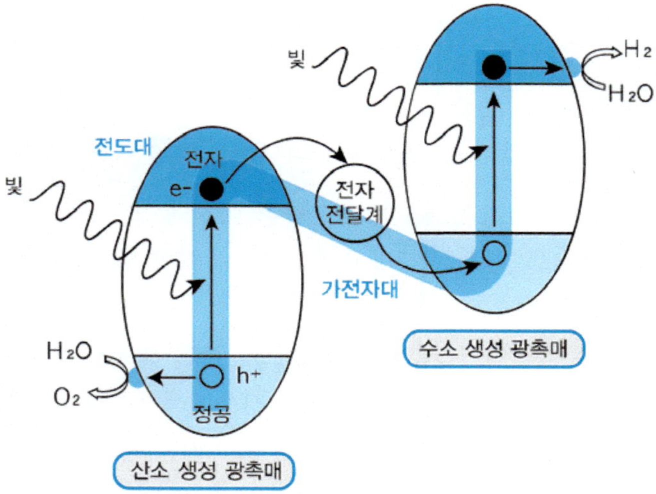

그림 5-15 「Z 스킴형 광촉매」 메커니즘

지금까지 많은 인공광합성 연구는 분말 형태인 광촉매를 수용액에 넣은 상태에서 행해져 왔다.

그러나 최근에는 실용화를 염두에 두어 광촉매를 시트에 고정하여 사용하는 방법도 제안되고 있다.

[4] 일본이 선도하는 이산화탄소의 환원 자원화

화력발전소 등에서 발생하는 이산화탄소는 지금까지 불필요한 것으로 여겨 계속 배출시켜 왔다. 따라서 대기 중의 이산화탄소 농도는 계속 상승하게 되어 지구온난화의 원인이 되고 있다.

최근 광촉매로 이산화탄소를 환원시켜 유용한 화학 원료나 연료를 생산하는 산업을 창출하려는 움직임이 가속화되고 있다.

일본 국내의 대기업과 연구소의 관계자가 다수 모여 인공광합성화학공정기술연구조합(ARPChem)을 조직하고 국가의 지원도 받으면서 연구 개발을 계속해 가고 있어 이 분야에서의 일본의 활약은 눈부신 부분이 있다.

현재 **신에너지산업기술종합개발기구**(NEDO)의 프로젝트로서 동시에 개발하고 있는 분리막 기술과 합성촉매 기술을 접목시켜, 플라스틱의 주원료인 올레핀

등과 같은 핵심 화학제품의 합성 기술을 확립하기 위한 연구 개발이 계속 진행되고 있다.

[5] 자연에서 배우고, 전체를 종합하여 최적의 솔루션을

인공광합성을 실용화하려면 **태양광 수소 변환효율**(STH)이 10%에 도달해야 하는 것이 기본 목표이다.

광촉매만을 사용한 물분해 반응에서 지금까지 보고된 STH 최고치는 1.1%였다. 태양전지와 **물의 전기분해** 셀을 조합한 하이브리드계에서는 10% 이상 넘는 시스템도 다수 보고되고 있으며, 앞서 언급한 바와 같이 20%를 넘는 경우도 알려져 있다. 물론 실용화에는 비용 문제가 포함된다.

식물의 광합성 효율을 수치화하는 것은 매우 어렵지만 일반적인 식물에서는 0.2% 정도로 추정하고 있다. 우리가 자연에서 배울 점은 눈앞의 효율에만 집중하는 것이 아니라 전체를 종합하여 최적의 해법을 찾아 나가야 한다는 것이다.

자원·에너지·환경 문제를 푸는 열쇠가 인공광합성에 있다는 점은 틀림없으며, 거기에는 젊은 세대의 연구자, 기술 개발자의 참여를 촉구해 나가는 분위기를 만들어 나가는 것도 중요하다.

Column

「톰슨·로이터 인용영예상」과 논문 피인용수

2012년에 「톰슨·로이터 인용영예상」을 수상할 수 있었다. 수상 이유는 산화티탄 전극에 의한 물의 광분해에 대한 1972년 「Nature」 논문 인용 횟수가 많았기 때문이었다.

그림 5-16에서 「Nature」 논문의 피인용수에 대한 연도별 변화를 볼 수 있는데, 2000년 정도부터 증가하기 시작하여 2010년부터는 더욱 크게 증가하였고, 최근 몇 년간은 일정한 상태를 유지하고 있다.

이와 같이 광촉매 분야가 연구자들 사이에 잘 알려지게 되었고, 많은 관련 논문들이 전 세계에서 발표되고 있음을 알 수 있다.

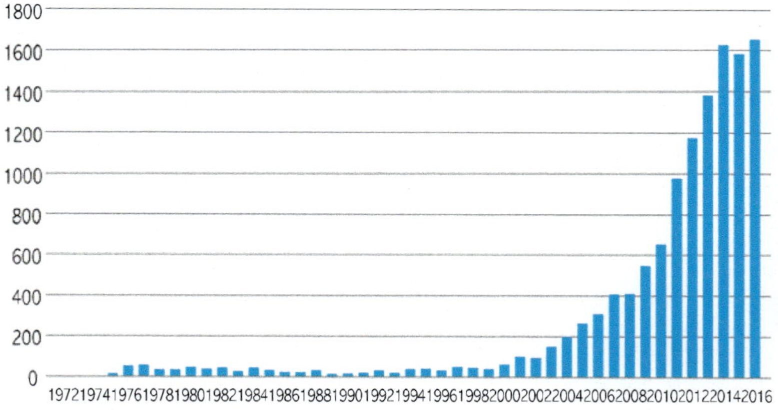

그림 5-16 A. Fujishima and K. Honda, Nature, 238, 37-38 (1972)의 피인용수 추이

Column

광화학 연구자로 구성된 광화학협회에서는 공식 저널로 「Journal of Photochemistry and Photobiology C : Photochemistry Reviews」를 네덜란드 엘스비어사에 의해 2000년부터 발행하고 있으며, 저자는 Founding Editor in Chief (설립자 편집장)로 현재도 활동하고 있다. 그 저널의 제1권, 제1호, 제1쪽에 광촉매의 총설을 정리한 바 있고 이것도 그림 5-17에 나타낸 바와 같이 2009년 이후 매년 500건 이상의 인용 수를 보이고 있다.

광촉매를 중심으로 서술된 이 영문 총설지는 세계적으로 인정받고 있으며, 연구 논문지는 일본의 연구자가 발행하는 논문지 중에서 최고의 임팩트 팩터(IF=15 이상)를 기록하고 있다. 이것으로도 세계에서 인정받고 있다는 자부심을 느끼고 있다.

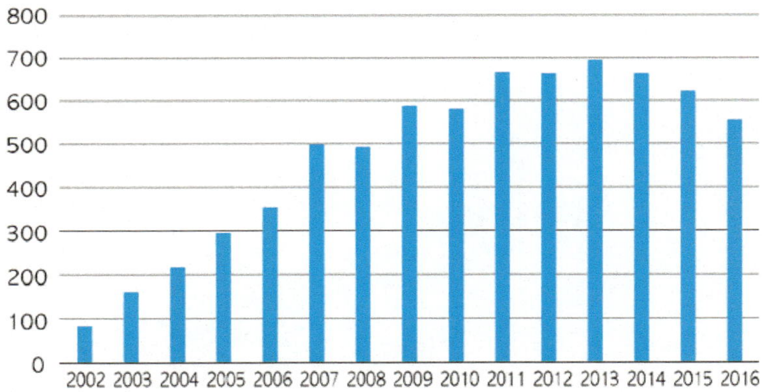

그림 5-17 A. Fujishima, T. N. Rao, and D. A. Tryk, Journal of Photochemistry and Photobiology C: Photochemistry Reviews, 1, 1-21(2000)의 피인용수 추이

제 6 장

반응기구와 빛의 이야기

6-1 광촉매 반응의 주역은 오직 두개

이 책의 앞부분에서는 주로 매크로적인 관점에서 **광촉매 반응**이 우리 주변의 일상 생활 가까운 곳에서 공기와 물을 깨끗하게 하는 등 **환경 정화 기술**로서 활약하고 있음을 소개하였다.

여기에서는 관점을 조금 마이크로적인 방향으로 옮겨 **광촉매 반응**에서 무슨 일이 일어나고 있으며, 무엇이 세계의 연구자들의 관심을 끌고 있는지 살펴보고자 한다. 그리고 우리는 무엇이 재미있다고 생각하여 연구를 계속하고 있는지에 대하여 이야기하고자 한다.

[1] 산화티탄 사용량이 그 나라 문화수준

「헤치고 들어가도, 헤치고 들어가도 푸른 산」

이것은 S. Taneda(1882-1940)의 유명한 자유형 하이쿠(일본 고유의 단시형, 55형식의 정형 하이쿠와 다르게 자유로운 형식으로 지은 하이쿠)인데, 과학 연구에서도 상통하는 부분이 있을지 모르겠다. 50년 이상 광촉매 연구를 했지만 깊이 들어가도 계속 더 푸른 산이 이어지고 있다는 생각이 든다.

광촉매 반응의 주인공은 두 개이다. 하나는 **광반도체**의 일종인 산화티탄, 또 하나는 태양광이나 실내조명 등과 같은 빛이다(그림 6-1).

여기에서는 먼저 주역의 하나인 산화티탄의 이야기부터 시작하자. 산화티탄은 매우 흔한 물질이다. 이는 백색안료, 화장품, 식품, 섬유, 종이 등에 폭넓게 대량으로 사용되고 있다(그림 6-2).

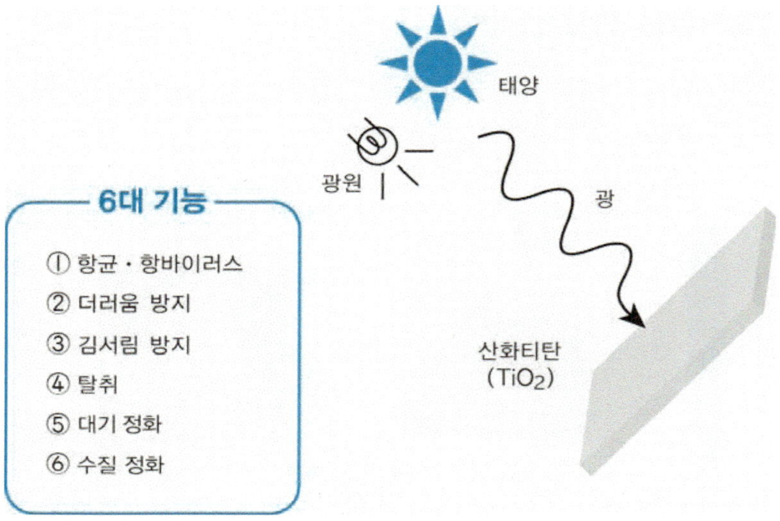

그림 6-1 광촉매의 두 주역

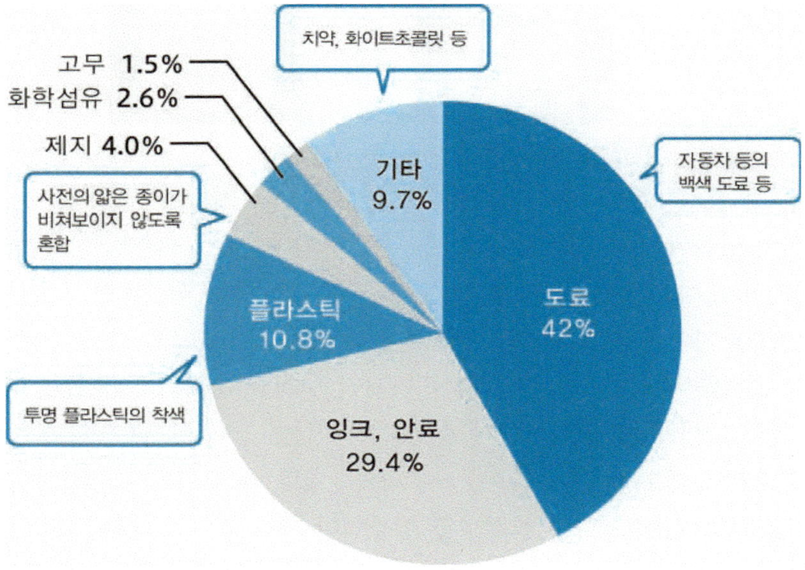

그림 6-2 일본에서 사용되는 산화티탄 약 20만톤의 용도 비율(2010년)

일본에서는 연간 약 20만톤 이상이 소비되고 있으며, 산화티탄의 사용량이 그 나라의 문화 수준을 나타내는 것으로도 알려져 있다.

[2] 산화티탄을 만드는 방법

산화티탄(TiO_2)은 철과 티탄의 산화물인 **일루메나이트광석**($FeTiO_3$) 또는 **루틸광석**(TiO_2)으로부터 생산된다(그림 6-3).

그림 6-3 광석에서 금속티탄과 산화티탄 제조

광석이 산출되는 나라는 중국, 호주, 우크라이나, 남아프리카공화국 등이다. 그 중에서 주성분이 산화티탄(TiO_2)인 **루틸광석**의 주요 산출국은 호주이다.

티탄(Ti) 자체는 원소주기율표에서는 54원소의 희귀금속(희소금속원소)의 하나로 분류되어 있다. 일본에서는 티탄광석은 전혀 채취되지 않으며, 대부분을 호주와 남아프리카공화국에서 수입하고 있다.

산화티탄의 제조방법은 그림 6-4에 나타내었다. 티탄광석에서 산화티탄 분말을 제조하는 공정으로는 황산법과 염소법이 있다.

이 두 가지 방법에는 입자가 형성되는 과정이 「액상」 또는 「기상」이라는 차이가 있어, 황산법을 「**액상법**」, 염소법을 「**기상법**」이라 부르기도 한다.

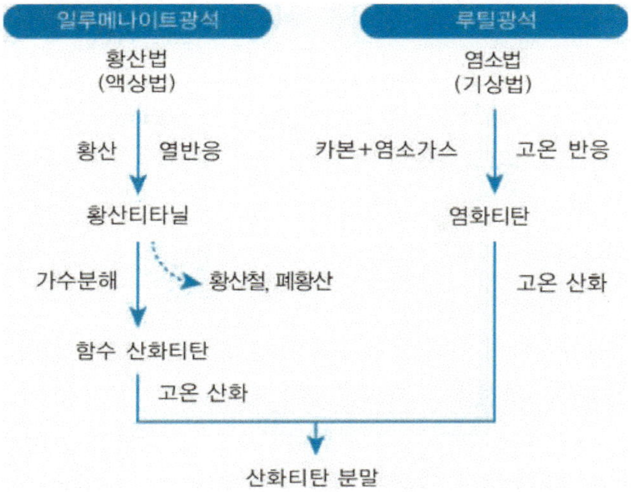

그림 6-4 두 가지 산화티탄 제조법

[3] 「황산법」과 「염소법」의 메커니즘

황산법은 일루메나이트광석을 원료로 사용하여 먼저 진한 황산에 녹여 철성분을 황산철로 분리시킨다. 이 때 얻어진 황산티타닐을 더 가수분해시키면 **함수 산화티탄**이 된다. 이것을 산소 분위기에서 가열하면 산화티탄이 생성된다.

황산법에서는 황산티타닐을 가수분해하여 얻은 함수 산화티탄의 성질이 최종 산화티탄 분말의 1차 입자 크기와 그 분포에 영향을 미치는 것으로 알려져 있다. 또한 원료인 일루메나이트광석에는 철 등의 불순물을 많이 포함하고 있어 **광촉매 활성**은 상대적으로 낮은 것으로 알려져 있다. 제조공정에서 황산철, 폐황산 등과 같은 대량의 폐기물이 배출되는 것도 문제이다.

한편 **염소법**에서는 주성분이 TiO_2인 루틸광석을 원료로 하고 카본과 염소가스를 사용하여 고온에서 반응시킴으로써 염화티탄을 합성하고 이를 고온에서 산화시켜 산화티탄 분말을 얻는다. 기체만이 관여하는 기상 반응에서 합성되기 때문에 고순도의 산화티탄을 얻을 수 있다는 점이 특징이다.

염소법은 황산법에 비해 플랜트 설비가 고가인 것이 단점이지만, 입자의 크기가 제어된 결정성이 좋은 산화티탄을 만들 수 있다.

또한 제조과정에서 사용되는 **염소**를 재사용할 수 있기 때문에 세계적으로는 염소법을 채택해가는 경향이다.

염소법으로 만들어지는 산화티탄 광촉매 분말은 높은 활성을 갖는 광촉매로 인식되고 있으며, 「ST시리즈」(이시하라산업)나 「P25」(일본 아에로실)가 있다.

안료 등에 산화티탄 분말을 혼합하면 밑층을 은폐하는 효과가 있다. 이처럼 은폐성이 뛰어나다는 점 때문에 안료 이외에 섬유나 종이, 플라스틱 등에 세계적으로 널리 사용되고 있다.

흰색 뿐만 아니라 착색 안료 등에서도 은폐성을 얻기 위해 산화티탄을 사용하고 있다. 그 외에도 화장품의 **자외선 흡수제** 등에 많이 사용되고 있다.

[4] 광촉매에 사용되는 것은 「아나타제형」

산화티탄은 빛 에너지를 받으면 활성을 나타내는 성질이 있다.

활성이란 화학 변화가 일어나기 쉬워지는 것을 말한다.

빛에 의해 그런 상태가 되는 것을 **「광활성」**이라고 한다. 백색 안료 및 화장품의 **자외선 흡수제**로 사용되는 경우에는 이 광활성을 최대한 억제시켜야만 한다. 광활성이 있으면 그것과 접촉하는 것을 분해해 버리기 때문이다. 그러므로 산화티탄의 표면을 알루미나(Al_2O_3)나 **실리카(SiO_2)**로 코팅한다(그림 6-5).

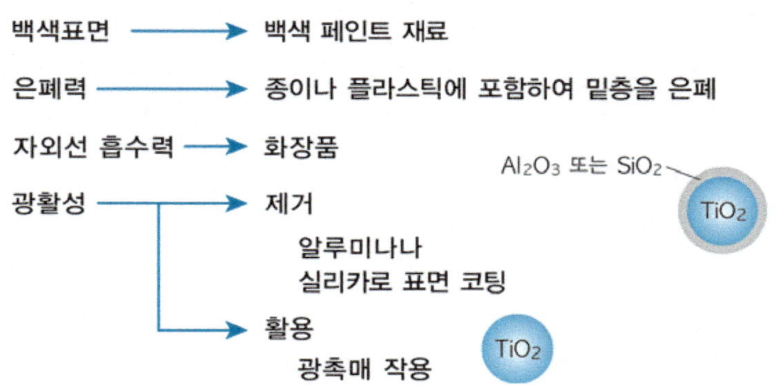

그림 6-5 산화티탄의 주요 특성과 이용법

한편 산화티탄 광촉매로 사용하는 경우에는 정반대로 이 광활성을 최대한 높게 끌어올려야 한다.

그림 6-6과 같이 산화티탄에는 **루틸형, 아나타제형, 부루카이트형**으로 불리는 3개의 다른 결정형태가 있는데, 광활성 측면에서 아나타제형의 활성이 높은 것으로 알려져 있어 광촉매로는 이 형태의 산화티탄이 사용된다(일반 안료용으로 사용되는 것은 루틸형).

그리고 안료와는 달리 표면을 코팅하지 않고 미세한 입자 형태를 원료로하여 타일을 비롯한 다양한 기판의 표면에 고정시켜 사용하기도 한다. 광촉매의 제조방법에 대해서는 제7장에서 자세히 소개한다.

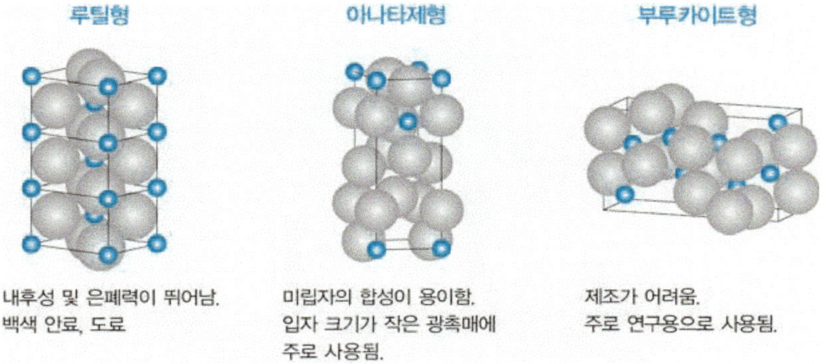

그림 6-6 산화티탄의 3종류 결정계

[5] 근자외선을 효율적으로 전달하는 상식을 깨는 발상

산화티탄 광촉매에 효과가 높은 빛의 파장은 365 nm 부근의 **근자외선**이다.

에너지를 효과적으로 이용하거나 실내에서도 응용할 수 있다는 관점에서 가시광을 이용할 수 있는 광촉매 재료가 요구되고 있다.

이에 대해서는 광촉매 NEDO프로젝트의 성과로서 높은 항균·항바이러스 활성이 있는 재료가 만들어져 인테리어용 건축자재 등 개발에 적용되고 있음을 태양광의 도입법에서 소개하였다.

최근에는 다른 접근 방법도 행해지고 있다. 그것은 야외 태양광에 포함된 근자외선을 효율적으로 실내로 끌어오는 「**광덕트**」나 「**광도관**」이라는 상식을 깨는 발상에 의한 것이다.

옥상에 태양광을 추적하면서 채광하는 장비를 설치하여 **집광장치**로 보낸다.

여기서 광촉매에 효과적인 파장인 365 nm 부근의 빛을 모아 「광덕트」나 「광도관」으로 전송한다. 광덕트 내부의 벽면은 반사율을 높여 최대한 고밀도의 빛을 전송할 수 있도록 하고, 이 광덕트를 건물 내부에 배관함으로써 필요한 곳에 효율적으로 빛을 전달할 수 있도록 하는 구조이다(그림 6-7).

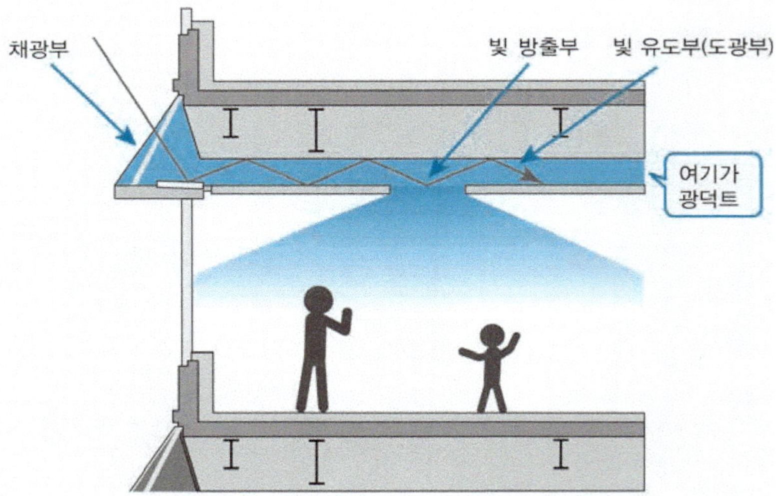

그림 6-7 상식을 깨는 발상 「광덕트」 활용법

이 장치는 닛켄셋케이의 협력을 얻어 Tokyo이과대학 카츠시카 캠퍼스의 사이언스 도장 내 화장실 공간에 설치하였다. 광촉매에게 유효한 근자외선을 효율적으로 제공함으로써 **살균** 시간이 반으로 줄고 **셀프클리닝 기능**도 크게 향상되었다.

광촉매의 응용 개발의 계기는 당시 재직하고 있던 Tokyo대학 공학부 5호관 화장실을 깨끗하게 하자는 제안에서 비롯되었다. 사이언스 도장에 적용한 것은 다시 원점으로 돌아가 광촉매의 가능성을 널리 개척해 보자는 것이었다.

예를 들어 병원 입원 환자나 요양시설의 노인들은 태양 빛 그 자체를 쪼이고 싶어하는 욕구가 있기 때문에 광촉매와 「광덕트」나 「광도관」을 결합하여 공간 전체를 청결하게 하는 동시에 모두의 요청도 만족시킬 수 있는 훌륭한 건축 공간이 될 수 있을 것으로 생각한다.

지금까지 실내에서의 광촉매의 응용연구 주제는 주로 제한된 빛만으로 어떻게 성능을 높일까? 하는 방향이었다면 사이언스 도장에서 실현한 미래형 화장실을 모델로 하여 향후에는 야외로부터 태양광을 가져온다면 어디에 어떻게 더 응용할 수 있을까? 하는 관점이 더해져서 앞으로 전혀 새로운 용도의 발견도 이루어질 것이다.

6-2 산화티탄은 반도체

[1] 반도체의 정의

반도체라는 용어는 글자처럼 「반」 도체, 즉 「도체」의 반 정도에 해당하는 성질을 가지고 있다는 의미이다. **도체**는 전기를 통하는(전도) 물질이다.

예를 들어 송전선에 널리 사용되고 있는 구리나 알루미늄 등은 도체이다. 한편 유리와 고무 등은 전기를 통하지 않는 물질이며 **절연체**라고 한다.

그리고 도체와 **절연체**의 중간에 위치하여 조건에 따라서 전기를 통할 수 있는 물질이 반도체이다(그림 6-8).

도체
구리(Cu), 알루미늄(Al)......등

반도체
실리콘(Si), 게르마늄(Ge), 갈륨비소(GaAs),
인듐인(InP), 산화아연(ZnO), 산화티탄(TiO_2)...등

절연체
유리, 고무......등

그림 6-8 반도체란?

여기서 조건이란 열을 가하거나 빛을 비추거나 하는 것이다. 인간이 이러한 조건을 제어함으로써 전기의 흐름을 조작할 수 있다.

반도체는 모든 전기 제품에 포함되어 있어 「산업의 쌀」이라고도 불린다.

[2] 「진성 반도체」와 「불순물 반도체」

반도체에는 4종류가 있다. ① 단체 반도체, ② **화합물 반도체**, ③ **산화물 반도체**, ④ **비정질 반도체**가 있다.

단체 반도체는 실리콘과 게르마늄과 같이 하나의 원소로 이루어진 반도체이며, 반도체에 불순물이 섞여있지 않기 때문에 **진성 반도체**라고도 부른다.

이에 대해 미량의 불순물을 첨가하여 전기가 쉽게 흐르도록 한 것을 **불순물 반도체**라고 한다. 불순물 반도체는 혼합한 불순물에 의해 성질이 달라지며, n형과 p형으로 나눌 수 있다(그림 6-9).

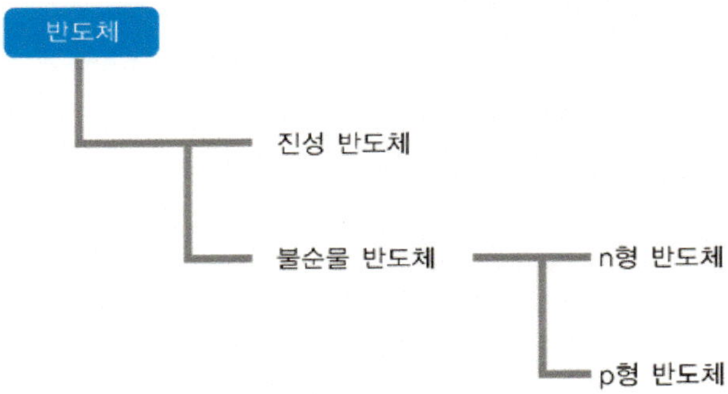

그림 6-9 반도체 분류

n형은 전기적으로 마이너스인 전자(e^-)를 발생시키는 불순물을 가지는 반도체이다.

p형은 전기적으로 플러스인 홀(정공, h^+)을 만드는 불순물을 가지는 반도체이다.

홀이란 전자가 있어야 할 곳에 존재하지 않고, 구멍이 뚫린 것 같은 상태로써 이 구멍이 마치 전기적으로 플러스처럼 행동하듯이 보이기 때문에 「h^+」로 표시한다. n은 negative (음의 마이너스), p는 positive (양의 플러스)의 머리글자에서 유래한다.

[3] 산화티탄은 광활성을 갖는 n형 반도체

산화티탄은 산화아연 등과 더불어 산화물 반도체의 일종이며, 특별히 불순물을 넣지 않더라도 결정 중의 산소가 빠져있어 불순물 반도체처럼 거동하기 때문에 n형 반도체로 분류된다.

또한 산화티탄에 빛이 닿으면 전기가 흐르는 성질이 나타나기 때문에 광 반도체라고도 한다. 광효과 또는 **광활성**이라 부르는 성질로서 광촉매 반응도 이 성질을 활용하는 것이다.

반도체의 성질을 이해하려면 에너지 밴드(다음 쪽 참조)의 개념을 이용하여 그 에너지 구조를 살펴볼 필요가 있다. 다음 항에서는 산화티탄의 에너지 구조와 빛을 조사했을 때의 효과를 살펴보고자 한다.

6-3 산화티탄의 에너지 구조 및 광조사 효과

[1] 반도체의 에너지 구조

반도체의 에너지 구조를 알아보기 위하여 먼저 간단한 원자 구조인 그림 6-10을 보면서 이미지화 해보자.

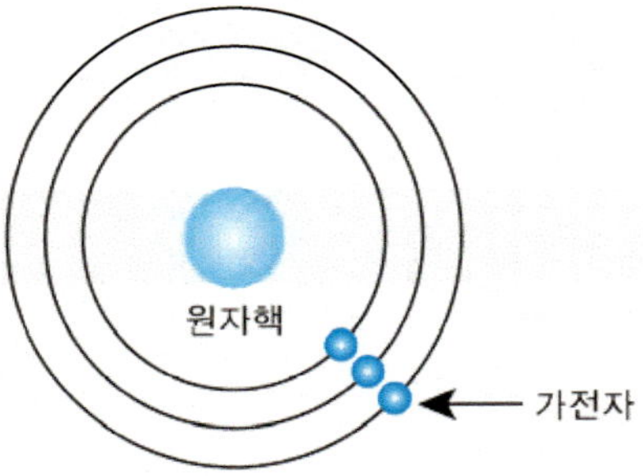

그림 6-10 원자 구조와 전자 궤도

중앙에 전기적으로 플러스인 원자핵이 있고, 그 주위를 전기적으로 마이너스인 전자(e^-)가 돌고 있는 모델이다. 전자가 움직이는 길을 궤도라고 부르는데, 각각의 궤도에 들어가는 전자의 수는 정해져 있으며, 가장 바깥쪽 궤도 전자를 가전자라고 부른다. 원자끼리의 결합은 이 가전자의 작용에 의해 이루어진다.

반도체 결정은 매우 많은 원자가 결합하여 형성된다. 이 때 궤도 상의 전자 에너지는 일정 폭 안에 존재하는 것으로 간주한다.

이 폭이 **에너지띠(밴드)**이다. 그리고 원자핵에서 볼 때 가장 바깥쪽에 있는 밴드를 **전도대**, 그 안쪽의 밴드를 **가전자대**라고 부른다(그림 6-11).

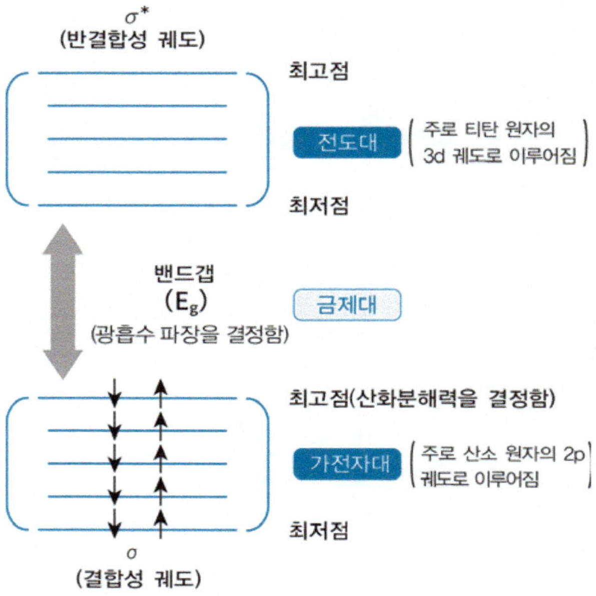

그림 6-11 반도체의 밴드 구조

[2] 밴드갭과 밴드갭 에너지

밴드와 밴드 사이를 **금제대**라고 부르며, 여기에는 전자의 에너지가 존재하지 않는다.

가전자대와 전도대 사이의 금제대의 에너지 폭을 「밴드갭」이라 한다. 밴드갭보다 큰 에너지가 가해져 가전자대에 있는 전자를 전도대로 끌어올리면(이를 「여기」라 부른다) 반도체는 전기를 통하게 된다.

자세히 살펴보면, 가전자대와 전도대의 폭에는 각각 최고점과 최저점이 있기 때문에, 밴드갭이란 가전자대의 최고점과 전도대의 최저점 사이의 에너지 차이라는 것을 알 수 있다.

전자는 전도대로 올라가면 자유롭게 이동할 수 있게 된다(전도 전자). 전자가 자유를 얻기 위해서는 장벽을 뛰어 넘어야 하는데, 그 장벽을 뛰어넘는 에너지가 「**밴드갭 에너지**」이다.

밴드갭에 해당하는 빛을 쪼이면 가전자대에 있던 전자는 외부로부터 에너지를 취해 전도대로 올라가 여기상태가 된다(그림 6-12).

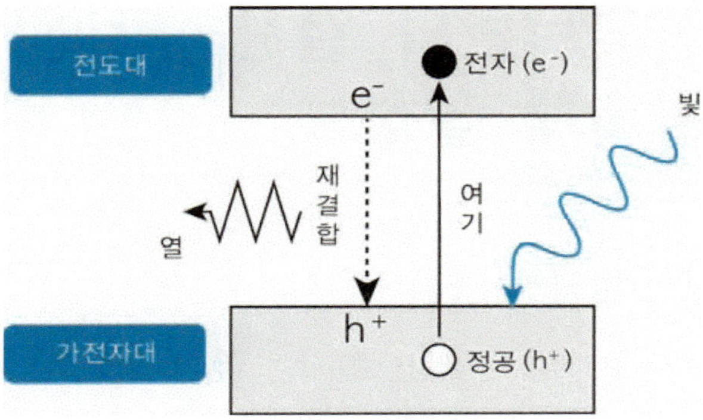

그림 6-12 **반도체에 빛을 조사할 때 효과**

일반적으로 반도체의 광여기 상태는 불안정하여 분해 등을 일으키기 쉽지만, 산화티탄은 광여기 상태에서도 매우 안정하다. 그 이유는 아직 밝혀지지 않았지만 산화티탄이 광촉매로서 우수한 특성은 바로 이 점 때문이다.

[3] 광촉매 반응에 영향을 미치는 3가지 요소

반도체의 밴드 구조에서 **광촉매 반응**에 영향을 미치는 요인은 ① 밴드갭 에너지(Eg: Energy Gap), ② 전도대의 최저점 위치, ③ 가전자대의 최고점 위치의 3가지이다.

광촉매 반응에 유효한 빛의 파장을 결정하는 것은 주로 밴드갭 에너지이다. 또한 밴드갭 에너지의 단위(eV: electron Volt)를 빛의 파장(nm)으로 변환하려면 「1240 ÷ Eg」라는 아주 간단한 식으로 계산할 수 있다.

광촉매에 사용되는 아나타제형 산화티탄의 밴드갭은 「3.2 eV」이므로, 환산식에서 388 nm보다 높은 에너지를 갖는 파장의 빛이 유효하다는 것을 확인할 수 있다.

한편 광촉매 산화분해력을 결정하는 것은 주로 가전자대의 최고점의 위치인 것으로 알려져 있다.

6-4 산화티탄의 결정 형태와 광촉매 활성

[1] 산화티탄의 발견

산화티탄이 발견된 것은 18세기 말이다. 1791년 영국인 목사 그레고르는 철광석 안에 철 이외의 금속산화물이 포함되어 있는 것을 발견하였다. 몇 년 뒤, 독일인 화학자 클라프로트는 헝가리산 **루틸광석**이 그 때까지 알려지지 않았던 새로운 금속산화물인 것을 발견하였다. 그리스신화에 나오는 가이아(지구)의 자식들인 「타이탄(Titans)」을 따서 「티탄」이라고 명명하였다.

그 후, 안료용 산화티탄이 공업적으로 생산된 것은 약 100년, 광촉매에 이용되는 나노 크기의 산화티탄이 개발된 것은 40년이 되었다.

산화티탄의 결정 형태는 그림 6-6과 같이 **루틸형**, **아나타제형**, **부루카이트형**의 3가지가 있으며, 공업적으로 이용되는 것은 루틸형과 아나타제형으로 모두 「**정방정계**」에 속한다. 부루카이트 형은 「사방정계」이며 학술적으로만 관심이 있는 정도이다.

안료로 사용되려면 밑 바탕층을 숨기는 **은폐력**과 착색력이 뛰어나야 하기 때문에 아나타제형보다 굴절률이 높은 루틸형이 주로 사용된다.

한편 광촉매용으로는 전술한 바와 같이 아나타제형이 사용되고 있는데, 이는 산화티탄의 **광반도체**로서의 특성 및 에너지 구조의 차이 때문이다.

[2] 루틸형과 아나타제형의 밴드갭 값

앞에서 언급한 바와 같이 밴드갭은 반도체의 에너지 구조에서 가전자대와 전도대 사이의 에너지 차이이며, **루틸형**과 **아나타제형**의 밴드갭 값을 비교해 보면 **루틸형**이 3.0 eV, 아나타제형은 3.2 eV이다(그림 6-13).

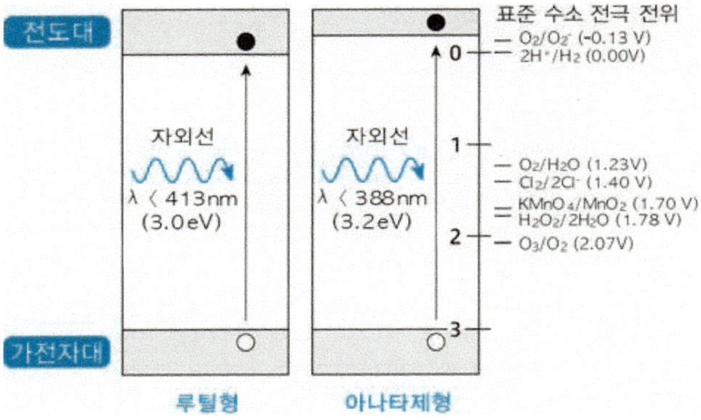

그림 6-13 루틸형과 아나타제형의 밴드갭 값

이 에너지 값을 빛의 파장으로 환산하면 루틸형이 약 413 nm, 아나타제형은 약 388 nm이며, 이보다 짧은 파장의 빛이 조사되면 광 여기가 발생하게 된다. 루틸형이 약간 가시광에 가까운 부분까지 빛을 흡수할 수 있어 광촉매로서 우수한 것처럼 보이지만 실제로는 아나타제형이 더 높은 **광촉매 활성**을 나타낸다. 그 이유는 무엇일까?

[3] 아나타제형이 높은 광촉매 활성을 나타내는 이유

이유 중 하나는 서로의 에너지 구조의 차이에 있다.

가전자대의 위치는 양쪽 모두 매우 깊은 곳에 있어서 생성된 정공은 충분한 산화분해력을 나타낸다.

정공(h^+)은 전자가 빠진 구멍으로 가전자대에는 전도대로 여기된 전자의 갯수와 같은 수의 정공이 만들어진다. 그 산화분해력은 화학실험에서 사용하는 산화제인 과망간산칼륨($KMnO_4$)보다 훨씬 강력하다.

한편 전도대의 위치는 수소의 산화환원 전위 근처에 위치하고 있어 환원력은 비교적 약하다는 특징을 가지고 있다.

산화환원 전위란 산화물과 환원물이 둘 다 녹아있는 용액 중에 백금처럼 그 자체가 전극 반응에 관여하지 않는 전극을 삽입하였을 때 관측되는 전극 전위이다.

그러나 결정 형태를 서로 비교하면 아나타제형의 전도대 위치는 루틸형보다

음의 위치에 있어, 루틸형에 비해 환원력이 강한 것을 알 수 있다. 이 전도대 위치의 차이 때문에 전반적으로 아나타제형이 더 높은 광촉매 활성을 나타내는 것으로 되어 있다.

6-5 산화티탄 광촉매가 이용할 수 있는 빛의 파장은?

[1] 가시광, 자외선, 적외선이란?

광촉매 반응의 주역은 산화티탄과 빛이다. 바꾸어 말하면 식물이 수행하는 광합성 반응과 마찬가지로 빛이 없으면 성립되지 않는 반응이다.

빛은 에너지 파동의 성질과 입자(광자)의 성질을 함께 가지고 있으며, 파동의 산과 산 사이의 간격을 나타내는 파장이 달라지면 그 성질도 크게 변한다.

그림 6-14에 빛의 전체 스펙트럼을 나타내고 있다.

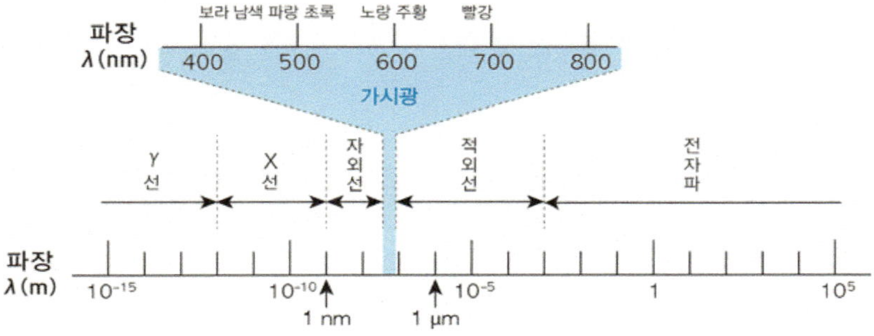

그림 6-14 빛의 전체 스펙트럼

이 가운데에서 인간의 눈에 보이는 빛을 가시광이라고 한다. 파장으로 표현하면 약 400~ 750 nm의 빛이다. 가시광보다 파장이 짧은 쪽이 **자외선**이고 파장이 긴 쪽이 적외선이다.

우리가 살고 있는 지구를 둘러싼 빛 환경, 즉 태양으로부터 오는 빛에너지의 분포를 나타낸 것이 그림 6-15이다.

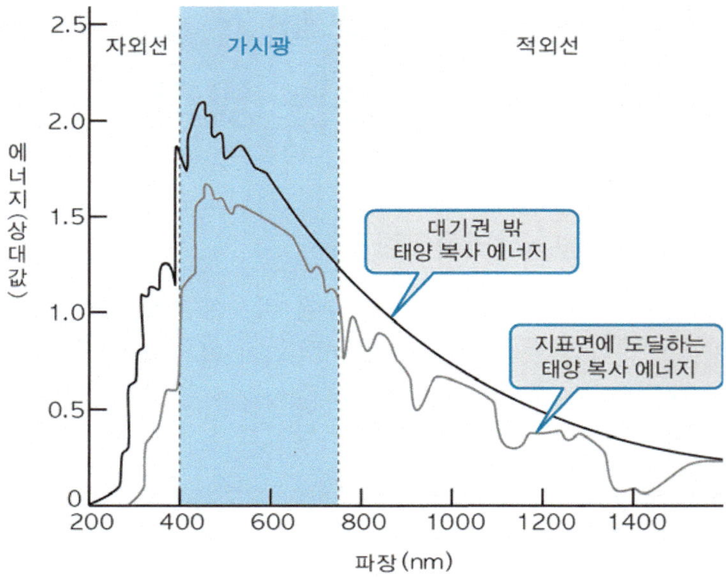

그림 6-15 지구를 둘러싼 빛 환경

대기권 밖에 있는 태양에너지 전부가 지표에 도달하는 것은 아니다. 왜냐하면 성층권의 오존층 등에서 흡수되기 때문이다. 그림 6-15를 보면 지표에 도달하는 빛에너지의 대부분은 가시광임을 알 수 있다.

[2] 산화티탄의 유일무이성과 보급이 진행되는 이유

광촉매로 이용되는 **아나타제형**의 산화티탄 밴드갭은 3.2 eV로 파장으로 환산하면 약 388 nm가 되며, 광촉매 반응은 이보다 더 짧은 파장의 자외선을 흡수하여 진행되는 반응이다.

즉 산화티탄의 광촉매 반응에 이용될 수 있는 유효한 빛은 지표에 도달하는 태양광 전체 중에서 매우 제한된 빛 뿐이다.

밴드갭이 더 작은 반도체라면 가시광을 충분히 이용할 수 있겠지만, 실제로는 산화티탄보다 밴드갭이 작은 반도체는 수분이 있는 상태에서 빛을 조사하면 **자기용해현상**을 일으켜 버린다.

그 원인은 반도체의 밴드 구조에 있다. 이러한 반도체에서는 **가전자대**의 전자가 전도대로 여기된다는 것이 원자간의 결합을 절단시키는 결과를 초래하기 때문이다.

하지만 산화티탄은 밴드구조가 자기용해현상이 일어나지 않는 매우 안정적인 특이한 물질이라고 할 수 있다.

산화티탄 광촉매에 유효한 빛은 약 388 nm 파장으로 자외선 중에서도 가시광에 가까운 빛으로 **근자외선**이라 부른다. 자외선 중에는 살균등으로 사용되는 254 nm의 빛처럼 파장이 짧고 에너지가 높은 빛도 있다. 그러나 이처럼 에너지가 높은 자외선은 생물의 DNA에 손상을 주는 것으로 알려져 있다.

산화티탄은 자기용해현상을 일으키지 않을 뿐만 아니라 생물에 유해할 정도의 에너지가 높은 빛이 아닌 LED나 **형광등**에도 포함되어 있는 비교적 장파장측의 근자외선에서도 반응이 진행되는 점에서 광촉매로 매우 우수한 성질을 겸비하고 있다고 말할 수 있다.

6-6 강한 「산화분해」와 「환원」 메커니즘

[1] 산화티탄 표면에서의 광활성 반응

산화티탄 표면에서 일어나는 반응을 살펴보자. 반응은 우선 산화티탄에 빛이 닿는 순간부터 시작된다. 빛이 산화티탄에 흡수되면 전자(e^-)와 정공(h^+)이라는 2개의 운반체가 생성된다. 운반체들은 고체 중에서 전류를 운반하는 주체이다.

일반 물질에서의 전자와 정공은 곧바로 **재결합**해버리지만, 산화티탄 광촉매에서는 각각이 얼마간 생존하게 된다. 얼마간이란 시간적으로는 마이크로 초(100만분의 1초)이다. 운반체들끼리의 **재결합** 비율은 광촉매 반응의 효율에 큰 영향을 미친다.

그리고 산화티탄의 표면에 짧은 시간 남아 존재하는 2개의 운반체를 매개로 하여 **산화환원반응**이라고 하는 화학반응이 일어난다. 즉 광촉매 반응은 운반체를 통해 빛에너지를 화학에너지로 변환시키는 반응이다.

[2] 산화분해 메커니즘

산화티탄의 가장 큰 특징은 그 에너지 구조로 인하여 **전도대**로 여기된 전자가 갖는 환원력보다 정공이 갖는 **산화분해력**이 강하다는 점이다.

산화아연(ZnO)이나 **황화카드뮴(CdS)**은 정공에 의해 이들 반도체 자신이 물 속에서 용해되어 버리지만, 산화티탄의 경우에는 결합이 매우 안정되어 있기 때문에 산화티탄 자신의 용해는 발생하지 않는다.

물 속에서는 물이 정공과 반응하여 산소 가스를 발생시키지만, 표면에 알코올 등 유기물이 있으면 이들 유기물이 더 산화되기 쉬운 에너지 레벨(전위)을 가지기 때문에 알코올 등이 분해되어 이산화탄소까지 산화된다.

물 속이 아닌 **공기청정기** 내부의 필터에 존재하는 산화티탄의 경우 광촉매 표면에는 흡착수라는 물이 존재하고, 이것이 정공(h^+)에 의해 산화되면 산화분해력이 높은 **하이드록시 라디칼(·OH)**이 된다. 표면에 오염물질이나 세균, 악취 물질 등 유기화합물이 있으면, 이 라디칼과 반응하여 최종적으로 **이산화탄소**와 물이 될 때까지 산화분해반응이 진행된다(그림 6-16).

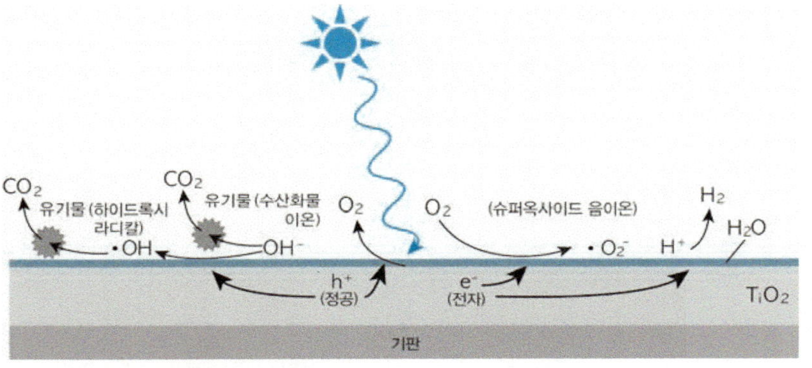

그림 6-16 **광촉매 반응 메커니즘**

산소가 있는 경우에는 이 과정에서 유기화합물의 중간체인 라디칼과 산소 분자가 라디칼 연쇄반응을 일으켜 산소가 소비되는 경우도 있다.

조건에 따라서는 유기화합물이 직접 정공(h^+)과 반응하여 산화분해되는 경우도 있다.

일반적으로 유기화합물은 물보다 산화되기 쉽기 때문에, 유기화합물의 농도가 높아지면 정공(h^+)이 유기화합물의 산화반응에 사용될 확률이 높아져 운반체끼리의 재결합 비율은 감소한다.

[3] 환원 메커니즘

한편 **환원반응**으로는 물 자신의 환원반응 또는 양성자(H^+)의 환원반응에 의한 H_2 생성이 있는데, 양성자의 환원반응보다 물에 용존하는 산소의 환원이 우선적으로 일어난다.

산소는 환원되기 쉬운 성질을 가지고 있기 때문에 산소가 있는 경우에는 물의 광분해반응으로 수소가 발생하는 대신 산소의 환원반응이 진행된다.

산소가 환원되면 슈퍼옥사이드 음이온($\cdot O_2^-$)이 생성된다. 이 슈퍼옥사이드

음이온은 산화반응의 중간체와 반응하여 과산화물을 형성하거나 **과산화수소**(H_2O_2)를 거쳐 물이 된다.

그 외에도 공기 중에서는 원자 상태의 산소(·O)가 생성되어, 유기물의 탄소와 탄소 결합에 직접 작용한다는 설도 있다.

6-7 「초친수성」의 발현 이유

[1] 친수성과 발수성의 차이

광촉매의 「6대 기능」의 하나로 제4장에서 소개하였던 **김서림 방지 효과**는 빛에 노출된 표면의 성질이 변화하여 초친수성이 나타나기 때문이다.

원래 김서림이라는 현상은 표면에 형성된 무수히 작은 물방울에 의해 빛이 「난반사」되기 때문에 일어나는 현상이다.

물이 물방울이 되지 않고 균일하게 젖어 퍼지는 「**초친수성**」 표면에서는 빛의 난반사가 일어나지 않기 때문에 김서림이 발생하지 않는다.

그럼 왜 산화티탄 광촉매의 표면은 「**초친수성**」이 되는 것일까?

지금까지의 TOTO의 연구자들의 연구 결과, 산화티탄이 가지는 강한 산화분해력을 이용한 광촉매반응에 더하여 산화티탄 표면의 구조 변화에 기인하는 것을 알았다.

빛이 닿기 전의 산화티탄 표면은 기름에 젖기 쉽고 물에는 잘 젖지 않는다. 젖음 용이성(wettability)은 주로 고체 표면에 대한 액체와의 친화력(부착 용이성)을 나타내는 것으로 표면과 액체의 **접촉각**의 크기로 평가한다. **접촉각**이 작을수록 젖기 쉬워지며(젖음 용이성이 좋음), 또는 친액성이 높아져 즉 친수성이 높다고 말할 수 있다.

반대로 **접촉각**이 클수록 젖기 어렵고, 소수성 즉 **발수성**이 된다.

빛을 조사하면 초기에는 물에 젖기 쉽게 되지만 기름에 대해서는 약간 젖기 어렵게 된다. 광 조사를 계속하면 물에도 기름에도 젖기 쉬운 상태가 되며, 더욱 빛을 쪼이면 물에는 젖지만 기름에는 젖기 어려운 상태가 된다.

[2] 산화티탄 표면의 구조 변화에 주목

이런 점에서 그림 6-17과 같은 표면 구조 변화 모델을 생각할 수 있다.

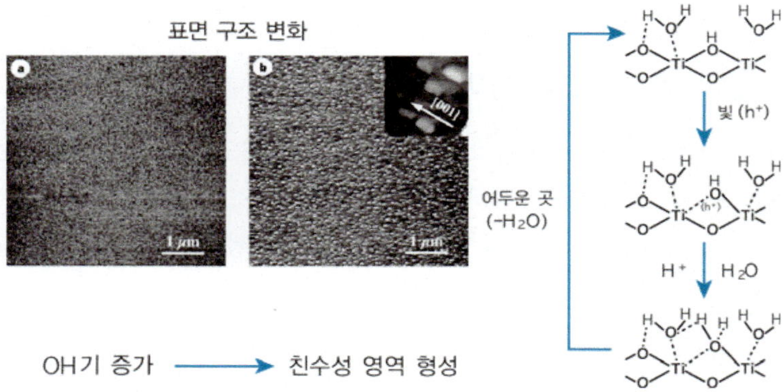

그림 6-17 친수성 발현 메커니즘

빛이 조사되기 전의 산화티탄 표면은 일정하게 소수성이지만, 광 조사에 따라 친수성의 미소영역(도메인)이 형성되어 가고, 최종적으로는 전체가 친수성 표면이 된다.

광 조사에 의해 물에도 기름에도 매우 친화력이 있는(접촉각이 작아 젖기 쉬운) 상태가 된 산화티탄 표면을 원자간힘현미경으로 관찰한 상이 그림 6-17의 오른쪽 사진이다.

빛을 쪼이기 전에는 균일한 표면사진이 얻어지지만, 여기에 빛을 쪼이면 수십 nm 크기의 도메인이 무수히 많이 형성되는 것을 관찰할 수 있다. 이 사진은 친수성의 탐침과 표면과의 마찰력의 차이를 측정하고 있으므로, 밝은 부분이 친수성, 그리고 어두운 부분이 소수성(=친유성)을 의미한다.

6-8 더러움 방지와 김서림 방지 효과의 메커니즘

[1] 더러움 방지 효과의 「광 계면반응」과 김서림 방지 효과의 「광 고체표면반응」

산화티탄 광촉매에는 크게 나누어 두 가지 성질이 있다. 하나는 (A) 강한 산화분해력이고, 다른 하나는 (B) **초친수성 효과**이다.

(A)의 경우 산화티탄의 **광반도체**로서의 성질에서 표면에 빛이 닿으면 빛 에너지는 산화티탄 내부의 전자와 정공(h^+)을 통해 화학에너지로 변환되고, 거기에 기름때 및 악취물질, 세균이나 **바이러스** 등이 있으면 그들과 화학반응을 일으켜 최종적으로 이산화탄소와 물이 될 때까지 강력하게 산화분해시킨다.

두 물질이 만나는 경계에서 일어나는 반응을 **계면반응**이라 부른다. 산화티탄 표면에서 일어나는 산화분해반응은 빛 에너지에 의해 발생하는 계면반응이기 때문에 **광 계면반응**이라 할 수 있다.

한편 (B)의 경우, 앞에서도 언급한 바와 같이 빛에 노출된 산화티탄 표면의 성질이 변화하기 때문에 **광 고체표면반응**이라 말할 수 있다.

이는 (A)의 광 계면반응과는 분명히 다른 메커니즘이 작동하고 있다는 것을 알 수 있다(그림 6-18).

지금까지는 김서림 방지 유리창이나 자동차의 사이드미러 등에 주로 응용해 왔지만, 더욱 연구를 진행하여 표면의 젖음 용이성을 제어하여 친수성/발수성, 친유성/발유성으로 자유롭게 변화시킬 수 있다면, 김서림 방지 기술 뿐만 아니라 인쇄 기술을 시작으로 새로운 분야에도 활용할 수 있으리라 기대하고 있다.

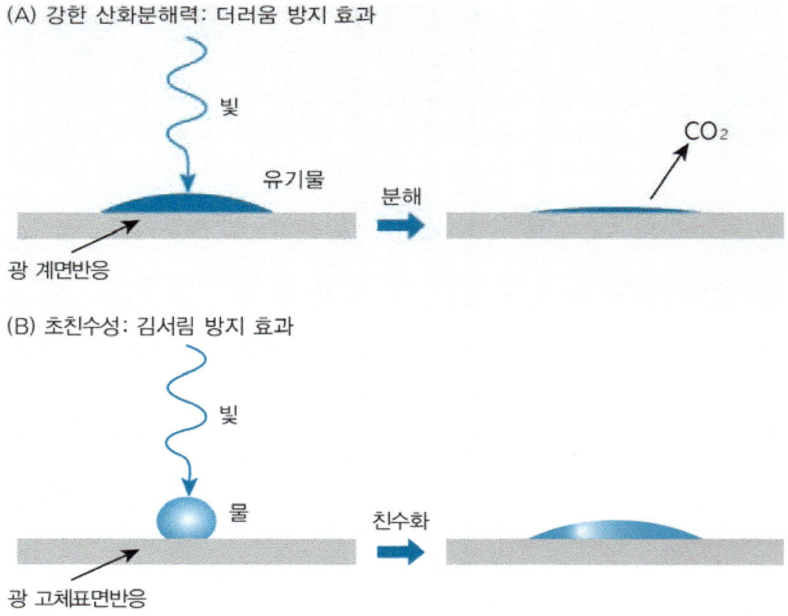

그림 6-18 산화티탄 표면에 빛이 쪼여져 일어나는 두 가지 반응

[2] 셀프클리닝은 2개 반응이 종합된 현상

초친수성 표면은 기름보다 물과의 친화성이 높기 때문에 기름때가 묻어도 물 속에 담그는 것만으로 기름 부분은 자연스럽게 떠올라 떨어진다(그림 6-19).

이 성질을 건물 외벽이나 유리창에 응용하면 먼지가 붙어도 비가 내리면 자연스럽게 씻겨나가 깨끗한 상태를 유지할 수 있게 된다.

연구를 시작할 당시에는 오염물질이 표면에 붙지 못하도록 표면을 발수성으로 만들면 어떨까 생각했었는데 뜻밖에도 초친수성 현상을 발견하게 되었다. 이것의 메커니즘은 종래의 광 계면반응과는 다른 것이다.

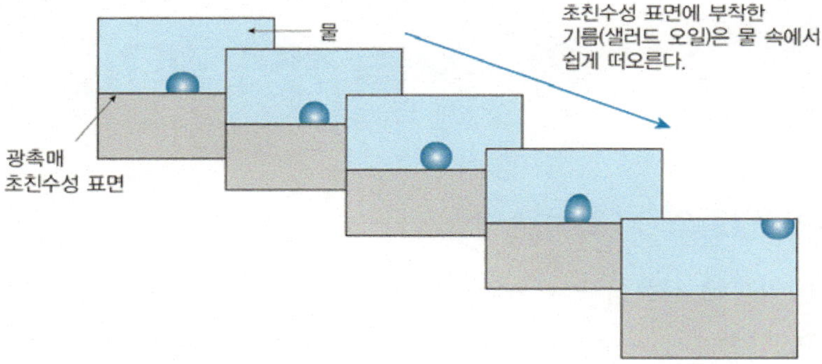

그림 6-19 기름때도 물로 세척

또한 물에 담그는 것만으로 기름때가 떠올라 떨어지는 효과도 기대하지 않았던 현상이었다. 연구 개발이란 전혀 예상하지 못한 결과들과 만나게 되는데 거기에 새로운 보물이 잠들어 있는 것이다.

그러한 감동을 연구 그룹과 함께 공유하는 것이 앞으로 나아가는 원동력이 되었다는 생각이 든다.

그렇다고 항상 운에만 맡겨둘 수는 없다. 목표를 정하고, 그것을 위하여 재료 개발을 착실하게 쌓아 나가는 시도도 필요하다.

광촉매의 응용 연구에서 초친수성 표면의 용이한 세척 효과와 (A)의 광 계면 반응에 의한 산화분해 능력이 종합된 시너지 효과를 노리고 「**셀프클리닝 효과**」라는 연구개발을 수행하였다.

그 결과, 기업 관계자들의 노력이 축적된 결과물로 건축자재 및 도로 관련 자재 등을 널리 보급되게 되었다.

6-9 광촉매의 다기능성이 생기는 이유

[1] 여러 업종의 지속적인 진입

많은 사람들이 산화티탄 광촉매에 대해 연구하고, 실제 제품이 시장에 출시되는 것이 언론에서 자주 보도되고 있다. 기업의 업종도 건축자재, 섬유, 전기장비, 자동차, 수처리 등 다방면에 걸쳐 있고, 대기업으로부터 벤처기업에 이르기까지 회사의 규모도 다양하다.

왜 이처럼 다양한 업종에서 진입이 계속되는 것일까? 여기에는 광촉매에 항균, 탈취, 오염방지와 같은 다양한 기능이 있다는 점과 관련이 있다. 또한 재료기술의 진보로 내열성이 없는 **폴리에스테르필름**을 비롯한 다양한 재료 표면에 광촉매를 코팅할 수 있게 되어 벤처기업 연구자들의 아이디어를 활발히 적용하기 쉬워진 면도 있다.

우수한 기능을 자사 제품에 활용하여 세상에 도움이 되는 제품을 만들고자 하는 사람들이 많이 있다. 자세한 내용은 제4장에서 광촉매의 다양한 기능을 「6대 기능」으로 나누어 구체적인 제품군과 함께 소개한 바 있다.

[2] 「Honda·Fujishima 효과」에서 시작한 3개의 연구 방향

너무 다양한 기능에 당황스러울지 모르겠지만 광촉매 반응의 기본 원리를 고려하면 당연한 일이라 할 수 있다.

그 기본 원리가 물을 빛으로 분해할 수 있다는 발견이며, 「Honda·Fujishima **효과**」라고 불리는 현상이다. 「Honda·Fujishima **효과**」를 바탕으로 한 연구 방향은 크게 나누면 3가지가 있다(그림 6-20).

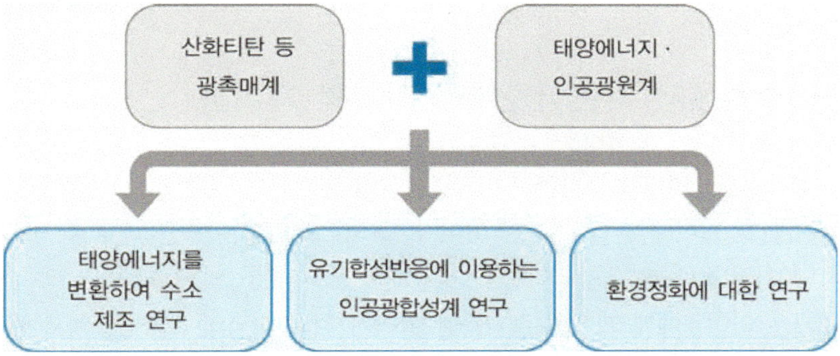

그림 6-20 광촉매 연구의 세 가지 방향

먼저 시작된 것이 태양에너지를 변환하여 **수소**를 제조하는 연구이다.

이어서 식물이 **이산화탄소**를 환원시켜 유기물을 얻는 방법을 모방하여 **유기합성반응**에 이용하려는 연구가 시작되었다. 이러한 내용은 **인공광합성계**의 연구로 주목받고 있다(5장 참조).

또 하나의 흐름이 **환경정화촉매**로서 연구인데 물을 분해할 수 있는 강한 산화분해력을 이용하여 유기물을 분해하고 공기와 물을 깨끗하게하여 쾌적하고 **깨끗한 환경**을 창출해 내는 것이다.

최근에는 환경정화촉매로서 연구가 빠르게 실용화 단계에 진입하여 광촉매 산업으로 1000억엔의 시장규모로 성장하였다.

연구의 흐름을 돌이켜 생각해 보면 광촉매 반응의 본질은 **물의 광분해**였고, 그 반응을 환경정화촉매로 활용할 때 상대가 유기물이든, 세균이든, 악취 물질이든, 기름때이든 전부 산화분해시킬 수 있는 다기능성을 인식한 것으로 여겨진다.

무엇보다 이를 다기능성이라 생각하고 응용 전개해 나갈 것인가? 아니면 단순히 상대를 가리지 않는 비선택적인 반응으로 취급할 것인가? 하는 차이는 있을 수 있다. 요점은 얼마만큼 유연한 발상을 가질 수 있는지의 차이일 것이다.

Column

방문수업에서 어린이들에게 과학의 재미를

지금 일본 아이들의「자연계 이탈」현상이 진행되고 있는 것으로 알려져 있다. 자연과 과학에 관심을 가진 아이가 줄어들고 있다는 것은 매우 유감스러운 일이 아닐 수 없다.

저자는 아이들에게 과학의 즐거움을 알리기 위해 지역의 초등학교에서 정기적으로 과학수업을 실시하고 있다.

「왜 하늘은 푸르고, 노을은 붉을까?」라는 현상을 설명하기 위해, 출장 수업 중에 이를 보여주는 간단한 실험을 실시하고 있다.

실험에 사용하는 것은 저자 자신이 오랫동안 연구 해왔던「광촉매」 산화티탄 백색 분말이다. 이 분말을 생수병에 약간 넣고 병의 바닥에서 손전등으로 빛을 쪼이면 하늘색을 재현할 수 있다.

저자 자신도 이런 간단한 실험으로 자연현상을 보여줄 수 있다는 점에 매번 놀란다. 이처럼 우리 주변의 다양한 현상을 즐겁게 설명하면 아이들도 눈을 반짝이고 집중하게 할 수 있다.

평소 당연하다고 생각하면서 그냥 지나쳐 버리는 것에 관심을 갖고, 이상하다?, 재미있다라고 생각하는 마음(Sense of wonder)을 계속 갖는 것이 중요하다.

「향불이 꺼지지 않도록」

이 말은 물리학자이고 S. Natsume의 제자이기도 한 T. Terada 교수가 자신의 연구실에 소속된 학생들에게 자주하는 말이라고 한다.

아이들도 세상의 여러가지 현상에 흥미를 갖고, 향불을 끄지 않은 채 자연계열의 학문이나 과학을 더욱 즐겁게 느끼고, 개개인의 가능성을 넓힐 수 있기를 기대하면서, 앞으로도 방문수업을 계속하려 한다.

제 7 장

광촉매 소재 제조법

7-1 광촉매 원료의 형태는?

[1] 산화티탄 졸, 티탄알콕사이드, 산화티탄 코팅액

제6장에서는 고활성의 산화티탄 분말 광촉매 제조에 대해 설명하였다. 여기서는 광촉매 시스템에 대해 설명하고자 한다.

광촉매에 의한 반응계를 「광촉매 시스템」이라 한다.

광촉매를 실제 제품이나 시스템으로 실용화하기 위해서는 먼저 원료단계에서 목적에 맞는 고활성의 물질을 얻는 것이 중요하다. 그리고 다음에 그것을 타일이나 유리, 필터 등의 구체적인 재료의 표면에 고정하는 것이다.

그 경우에는 산화티탄 분말 상태가 아니라 가공에 적합한 화합물로 만들어 사용한다.

산화티탄 졸은 10 nm 정도의 미세한 산화티탄 입자를 물이나 용매에 분산시킨 것으로 외관은 거의 투명하다. 빛을 산란하지 않을 정도의 미세한 입자가 응집하지 않고 분산되어 있다. 이 산화티탄 졸을 재료 표면에 코팅하여 투명한 박막을 만들고, 그 상태에서 소성하면 **투명한 광촉매 박막**을 얻을 수 있다.

알콕사이드라는 금속과 알코올의 화합물은 **금속산화물** 박막의 원료로 많이 사용된다. 티탄의 경우는 이소프로판올의 화합물(티탄이소프로폭사이드) 등이 주로 사용된다.

티탄알콕사이드를 알코올 용매에 용해시켜 코팅하면 유리 같은 상태의 무정형의 산화티탄이 형성된다. 이것을 소성하면 투명한 결정질 산화티탄이 얻어진다.

위에서 언급한 산화티탄 졸이나 티탄알콕사이드는 고온에서 처리하여야만 고정시킬 수 있다.

그렇기 때문에 산화티탄 졸을 상온 근처에서 경화시킬 수 있는 바인더를 첨가한 **산화티탄 코팅액**도 개발되었다.

바인더로는 산화티탄의 광촉매 활성에 의해 열화되지 않는 **실리카** 등 무기계가 많이 사용된다. 이와 같이 산화티탄 분말을 가공하여 다양한 재료의 표면에 산화티탄을 고정할 수 있게 되었다(그림 7-1).

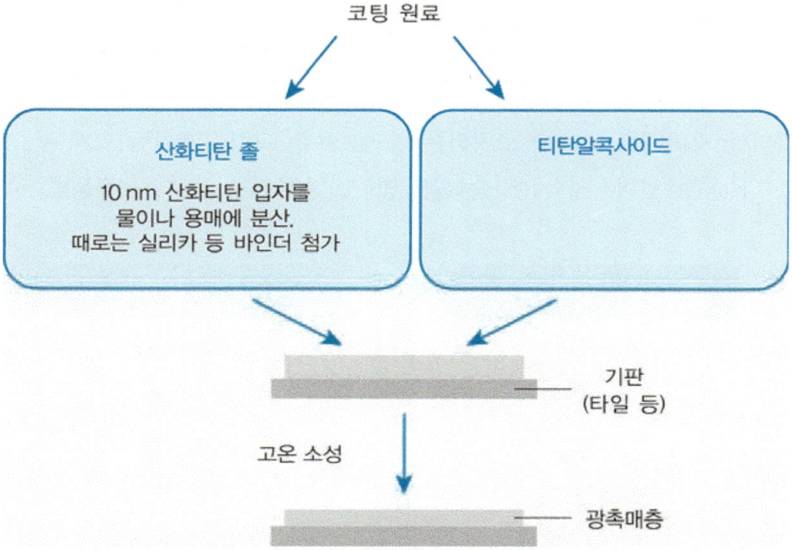

그림 7-1 코팅 원료로 광촉매 제품 제조법 예

7-2 2개의 코팅기술을 어떻게 활용할까

[1] 「습식공정법」과 「건식공정법」

여기서는 코팅방법에 대해 소개하고자 한다.

산화티탄 광촉매를 기재에 코팅하는 방법으로는 그림 7-2처럼 크게 두 가지 방법으로 나눌 수 있다. 하나는 **「습식공정법」**, 다른 하나는 **「건식공정법」** 이다.

습식공정법	건식공정법
스핀코팅법	스퍼터링법
딥코팅법	이온도금법
롤코팅법	진공증착법
스프레이코팅법	CVD(화학증착)법
함침법	
붓칠법	
(초기 소요 비용 적음)	(설비 고가)

그림 7-2 **산화티탄 코팅법**

「습식공정법」에는 **스핀코팅법**, **딥코팅법**, **롤코팅법**, **스프레이코팅법**, **함침법**, **붓칠법** 등이 있다.

이러한 방법들은 설비의 초기 비용이 적고, 비교적 손쉽게 코팅이 가능하다는 장점이 있다. 도로 관련 건설자재, 거울, 터널 조명용 커버유리 등에는 주로 「습식공정법」에 의한 코팅이 진행되고 있다. 기존의 주택이나 건물의 외벽에 광촉매를 코팅하는 경우 스프레이코팅법이나 붓칠법이 사용된다.

한편 「건식공정법」에는 **스퍼터링법**, **이온도금법**, **진공증착법**, **CVD(화학증착)법** 등이 있다.

이것들은 설비투자가 필요하지만 치밀하고 단단한 코팅층을 만들 수 있는 것이 장점이다. 예를 들어 대형 건축유리에 광촉매 코팅하는 경우에는 「건식공정법」이 사용된다.

[2] 코팅방법 선택 시 주의사항

다양한 코팅방법이 있지만, 코팅법을 선택할 때 가장 중요한 것은 광촉매의 어떤 기능을 어디에 사용하느냐는 것이다.

이에 따라 광촉매 박막에 요구되는 성능이 전혀 다르다. 가능한 높은 성능을 낼 수 있는 코팅방법을 선택하여야 한다.

여기에서는 **공기청정기 필터**의 탈취기능을 이용하는 경우와 유리의 더러움 방지(셀프클리닝) 기능을 이용하는 경우를 비교하여 보자.

공기청정기 필터에 광촉매를 사용하는 경우에는 오염된 공기와 광촉매가 많이 접촉할수록 탈취기능이 높아진다.

그것에 맞도록 필터 구조도 고민을 해야겠지만 코팅 자체도 가능한 많은 공기와 접촉할 수 있는 막을 형성하는 방법을 선택한다.

또한 공기청정기의 필터에는 코팅막의 투명성은 요구되지 않는다. 이 점이 셀프 클리닝 유리막에서 요구되는 성능과 크게 다르다.

막 두께가 1 μm(마이크로미터) 이하의 영역에서는 막이 두꺼워질수록 **광촉매 활성**이 높아지는 경향이 있으므로 **공기청정기**의 필터에는 불투명하더라도 다공성의 두꺼운 막이 생성되도록 충분하게 코팅하는 것이 좋다.

반면 셀프클리닝 유리에 광촉매 박막을 코팅할 때 요구되는 것은 가급적 오염물이 부착하기 어려운 표면이다.

서서히 부착되는 오염물을 제거하는 것이 광촉매의 작용이지만, 제품 성능을 높이기 위해서는 처음부터 오염물이 부착하기 곤란한 표면이면 더욱 좋을 것이다. 또한 코팅막의 투명성도 요구된다. 그림 7-3과 그림 7-4에 주의사항을 정리하였다.

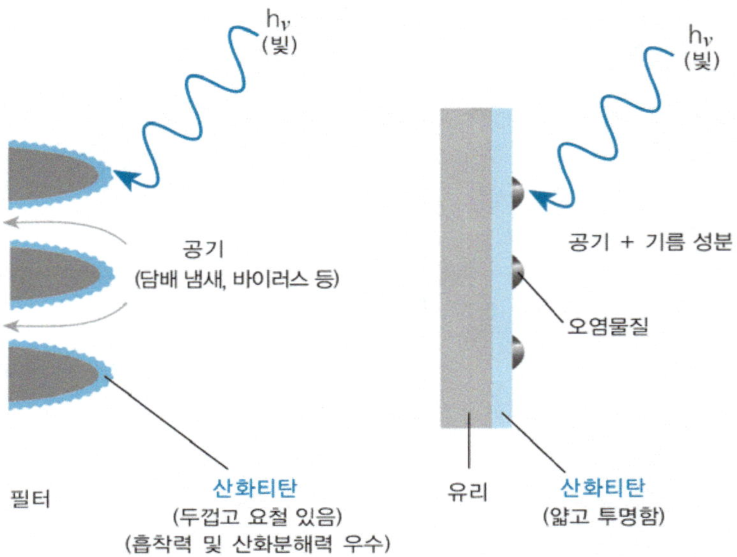

그림 7-3 산화티탄 코팅의 차이

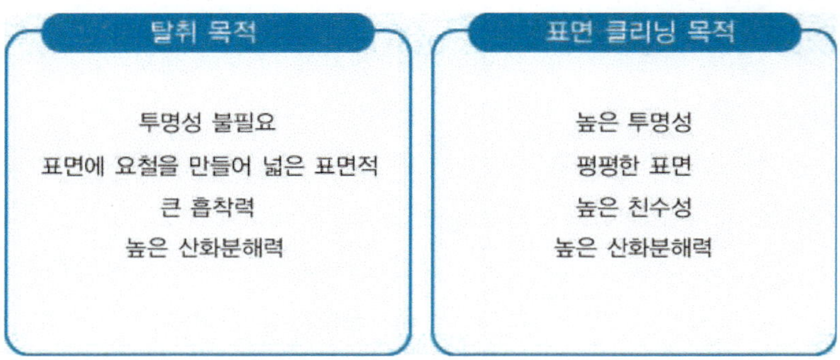

그림 7-4 광촉매 이용 목적 및 표면 성상

이와 같이 광촉매의 용도에 맞게 최적의 코팅 방법을 선택하는 것이 중요하다.

그 때 어떤 재질에 코팅하는가도 중요한데 포인트는 기판의 기재와 산화티탄 박막 사이의 **접착층**에 있으므로 다음 항에서 자세히 소개하겠다.

7-3 코팅에서 가장 중요한 포인트는 접착층

[1] 광촉매 반응을 보호하는 실리카 중간층

최근에는 다양한 재료 표면에 광촉매를 코팅할 수 있게 되었다.

무기물로는 타일, 유리, 또는 알루미늄이나 스테인리스 등 금속판, 그리고 유기물로는 **염화비닐필름**, **폴리에스테르필름**, **아크릴필름**, **불소필름**, **폴리카보네이트수지**, **아크릴수지**, 종이나 섬유 등에 코팅이 가능하다(그림 7-5).

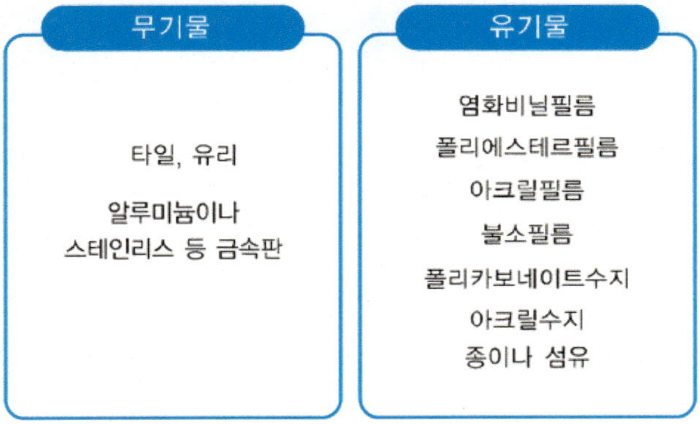

그림 7-5 광촉매를 이용하는 무기물과 유기물

그러나 **광촉매 반응**의 산화분해력이 강력하기 때문에 기재가 되는 물질에 따라서는 직접 광촉매를 코팅하면 기재 자체가 푸석하게 분해되어 버리기도 한다. 또는 기재와 광촉매 물질이 반응하여 광촉매 반응이 없는 물질로 변해버리기도 한다.

그래서 중요한 것이 기재와 광촉매 박막 사이에 끼워 넣는 접착층이다.

타일이나 유리 등 무기물에 코팅하는 경우는 광촉매를 도포한 후 고온에서 소성한다. 광촉매 원료로 **산화티탄 졸** 또는 **티탄알콕사이드**(그림 7-1 참조)를 사용한다. 고온에서 소성하면 산화티탄 입자끼리 접착하는 「소결」이라는 현상이 일어나 단단하고 치밀한 광촉매 박막이 형성된다.

그런데 유리로 가장 많이 사용되는 소다라임 유리가 기재인 경우, 산화티탄을 표면에 직접 코팅하면 소결 도중에 유리 성분의 나트륨이 확산되어 산화티탄과 반응하여 광촉매 성질이 없는 **티탄산나트륨**을 생성한다.

이 경우 광촉매 성질이 손실되지 않도록 기재인 유리와 산화티탄층 사이에 **실리카(SiO_2)층**을 삽입한다. 치밀한 실리카층이 나트륨의 확산을 막아 표면의 광촉매층을 보호해 준다.

일반 페인트 표면이나 섬유소재에 산화티탄을 도입할 때 실리카 도입의 필요성 및 실리카의 중간층으로서 역할을 그림 7-6에 나타내었다.

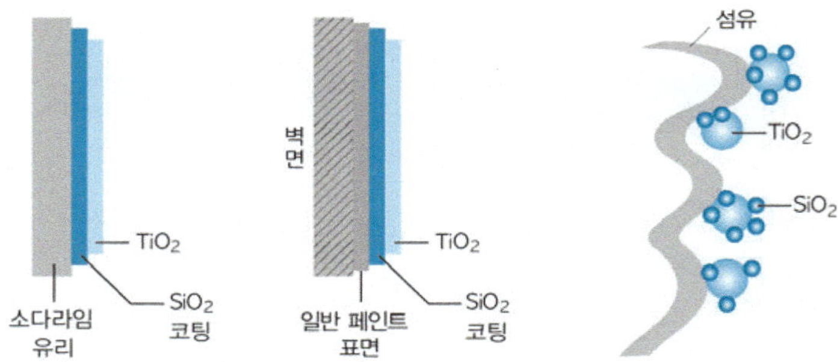

고온 소성 시 소다라임 유리에서 Na^+ 이온의 TiO_2로 확산을 방지하기 위한 SiO_2 층

일반 페인트의 광촉매 반응에 의한 분해반응 방지용

광촉매 작용으로 섬유가 분해되는 것을 방지하고 TiO_2를 섬유에 고정하기 위한 SiO_2

그림 7-6 실리카 중간층의 역할

[2] 기재의 열화를 방지하고, 밀착성을 높이는 「구조경사막」

폴리머필름에 광촉매를 코팅하는 경우에는 필름 자체의 광촉매에 의한 열화를 방지하고, 나아가 필름과 광촉매층의 밀착성을 높이기 위하여 중간에 **접착층**을 삽입한다.

이 접착층에는 유기물과 무기물을 분자레벨로 혼합한 하이브리드폴리머가 사용된다. 유기물인 폴리머필름과 접촉면에는 유기성분만, 산화티탄과 접촉면에서 무기성분만이 형성되어 약 100 nm 두께의 층에 유기성분에서 무기성분까지 조성이 연속적으로 변화하는 **구조경사성**을 갖는 막을 제조하는 기술이 개발되었다.

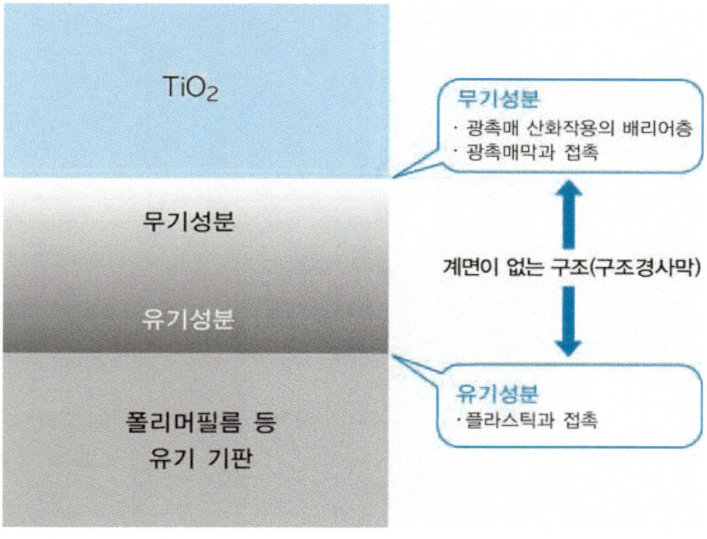

그림 7-7 구조경사막 단면의 모식도

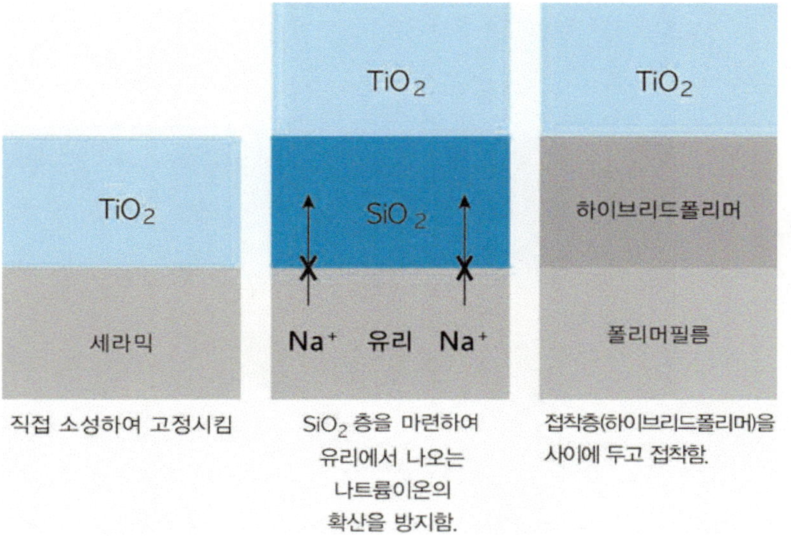

그림 7-8 다양한 기재에 코팅방법

또한 이 방법을 도입하여 막의 투명성도 확보할 수 있어 다양한 실용화의 가능성이 넓어졌다. 그림 7-7에는 구조경사소재의 모식도와 그림 7-8에는 다양한 기재에 코팅하는 방법을 정리하였다.

이처럼 최신 나노레벨의 재료과학의 발전이 광촉매의 산업화에도 크게 기여하고 있다.

7-4 세계 최초의 광촉매 타일은 어떻게 실현되었을까

[1] 가장 많이 보급된 광촉매 타일

7장의 앞부분에서 광촉매 소재의 제조방법을 설명하였는데 여기서는 각각의 소재에 대하여 소개하고자 한다.

먼저 광촉매산업에서 가장 발전한 건축자재 분야 중에서도 가장 널리 보급된 **광촉매 타일**에 대한 내용이다.

광촉매 타일은 실내 인테리어용의 「**항균 타일**」, 외장용의 「**셀프클리닝 타일**」로 응용 범위를 넓혀가고 있다. 또한 **물이끼 방지 효과**가 인정되면서 분수, 인공연못, 인공수로 등에 「**물이끼 방지 타일**」로도 실용화가 진행되고 있으며, **곰팡이 문제** 대책으로도 이용되고 있다.

1993년 세계 최초의 광촉매 **항균 타일**이 실용화되었는데 이것이 첫 번째 광촉매 제품이다. 당시 병원의 원내감염이 사회적으로 심각한 문제로 그 대책이 요구되던 시기였다. 이러한 사회적 배경에서 병원의 **수술실** 벽 등에 사용되는 타일에 광촉매를 코팅하는 아이디어를 도입하였다.

성공적인 코팅을 위하여 해결해야 할 과제로 투명하고 균일하면서 내구성이 좋은 막을 형성할 필요가 있었다.

또한 고온에서 산화티탄은 **루틸형**으로 상전이되어 **광촉매 활성**이 떨어지기 때문에 소성처리 시 **상전이 온도**를 넘지 않도록 세심한 주의가 필요하였다.

나아가 빛이 약한 곳이나 빛이 없는 어두운 상황에서도 효과를 발휘할 수 있도록 산화티탄 코팅 후 그 위에 은이나 구리 등 항균금속이온을 **스프레이코팅법**으로 처리하였다. 이 때 **항균금속**은 광촉매 반응에 의한 환원반응을 이용하여 초미립자 형태로 광촉매층 표면에 고밀도로 고정시켰다(**광환원 도금기술**, 그림 7-9).

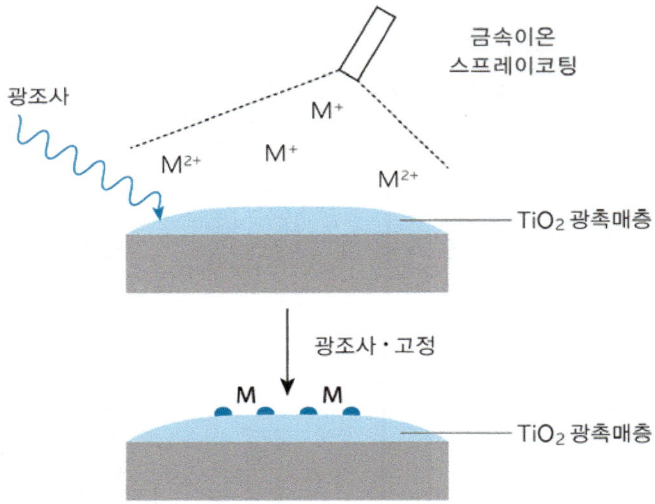

금속을 광촉매층 위에 환원・고정화함.
금속이온 (M^+, M^{2+}) + ne^- → M (금속미립자)

그림 7-9 광환원 도금기술

[2] 광촉매와 항균금속을 하이브리드화

항균금속만을 유약에 혼합하여 바른 후 소성한 타일에는 대부분의 금속이 유약 속에 매몰되어 버리는 것과 비교하여 광촉매와 항균금속을 하이브리드화한 타일에는 은 등이 미립자 상태로 광촉매층 표면에 존재하기 때문에 높은 항균력을 발휘한다.

이렇게 하면 어두운 곳에서도 **항균 효과**가 발휘되는 것은 물론 산화티탄 자신의 광촉매 반응에 의한 항균성능도 크게 향상되었다.

산화티탄 단독으로는 10 $\mu W/cm^2$ 이상의 자외선 강도가 아니면 항균효과를 발휘할 수 없지만, 항균금속과 하이브리드화하면 불과 1 $\mu W/cm^2$의 조도에서도 광촉매 반응에 의한 항균효과를 발휘하였다.

그 이유는 광촉매 반응으로 세균의 세포막에 생긴 작은 구멍으로 항균금속이온이 효과적으로 침투하기 때문이라고 생각하고 있다.

항균효과가 있는 타일을 효율적으로 저렴하게 제조할 수 있느냐가 중요한데 제조업체에서 제공한 공정도는 그림 7-10과 같다.

최근에는 광촉매 타일의 병원 수술실에 적용이 크게 늘고 있다. 타일을 벽에 시공할 때 광촉매가 처리되지 않은 타일 사이의 부분에 세균이 부착하는 문제점이 있었지만 타일 자체를 대형화함으로써 개선할 수 있게 되었다.

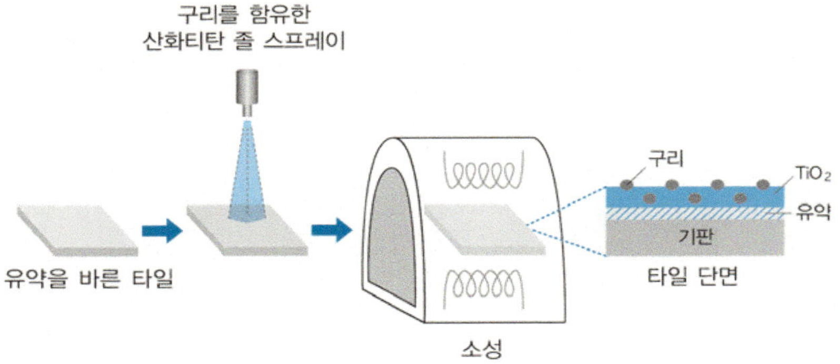

그림 7-10 광촉매 타일의 제조공정과 구리를 부착시킨 광촉매 타일

[3] 외장용 셀프클리닝 건축자재로 발전

오래 전부터 타일은 디자인성과 내구성이 뛰어난 건축자재로 인식되어 왔다.

고대 이집트의 계단 피라미드 지하입구 벽에 붙어있는 파란색 유약의 타일은 현존하는 세계에서 가장 오래된 타일이 아닐까 추측되고 있다.

또한 바그다드 근처에서 발견되어 현재는 독일 박물관에 있는 타일도 기원전의 오래된 것이다.

하지만 항균성이나 오염방지성능 같은 기능을 가진 타일은 이전에는 존재하지 않았다. 광촉매 항균 타일이 세계 최초로 실용화된 1993년에 광촉매의 또 다른 효과인 초친수성이 발견되었다. 항균 타일에서 축적된 코팅기술을 활용하여 단기간에 초친수성 효과를 나타내는 외장용 셀프클리닝 타일이 실용화되었다.

최근에는 광촉매 타일이 NO_x 제거효과가 있다는 점도 인정받으면서 주택이나 건물의 외장재로 사용이 급격히 증가하고 있다(제1장 참조).

일반 소비자의 광촉매에 대한 인지도도 높아져 신축주택 외장에 광촉매 타일을 희망하는 건물주가 늘고 있기 때문에 주택건설업자도 광촉매 타일을 채용하는 곳이 많아져 광촉매 타일 시장이 크게 확장되고 있는 실정이다.

고대 이집트에서 계속되어 온 타일의 역사를 생각하면서 일본에서 새로운 바람을 일으키고 있는 것은 아닌지 감개무량하다.

7-5 광촉매 유리, 자동차 사이드미러는 이렇게 만든다

[1] 광촉매 셀프클리닝 유리 제조방법

산화티탄 광촉매를 유리에 코팅하면 광촉매의 유기물 분해작용에 의해 서서히 유리표면에 부착하는 적은 양의 오염물질은 분해할 수 있다.

광촉매의 분해기능으로 분해할 수 없을 만큼 많은 오염물질이 유리표면에 부착하는 경우에는 비가 내릴 때 발휘되는 셀프클리닝 효과에 의해 씻겨내려 깨끗한 상태를 회복하게 된다. 비가 적게 내리는 계절에는 유리창에 물을 뿌려주는 것만으로도 깨끗해진다.

또한 비가 내리고 있을 때도 **광촉매 유리**의 초친수성에 의한 물방울이 맺히지 않는 효과 때문에 밖의 경치가 잘 보인다.

기존의 유리창도 이러한 광촉매 기능 유리창으로 바꿀 수 있다.

한 가지는 광촉매 코팅제를 스프레이하거나 붓칠하는 방법이고, 다른 하나는 **광촉매 필름**을 유리창에 붙이는 방법이다.

이러한 방법으로도 충분히 광촉매 효과를 발휘하는 유리창 제조가 가능하지만, 내구성 측면에서는 몇 년에서 10년 정도 간격으로 재시공이 필요하다.

한편 유리 제조단계에서 유리표면에 광촉매를 코팅하고 소성처리한 유리는 반영구적으로 광촉매 효과가 지속된다.

이러한 **광촉매 유리**는 **졸겔법**, **스퍼터링법**, **CVD(화학증착)법** 등 다양한 광촉매막 제조방법을 이용하여 제조되고 있다.

이 중 **CVD법**은 대형 유리에 광촉매막을 효율적으로 만들 수 있고 생산성도 높은 방법이다.

또한 고온소성으로 광촉매막을 만들면 산화티탄의 결정성이 좋고, 유리에 대한 밀착성도 매우 우수하다.

이러한 제조방법의 확립으로 신축 고층빌딩과 국제공항 건물 등 대규모 건축물에 광촉매의 도입이 가능하게 되었다.

유리창 청소가 거의 필요없기 때문에 빌딩관리 측면에서 비용 절감 효과도 있다고 알려져 있다.

욕실에서 샤워할 때 거울에 김이 서리는 현상이 있는데 거울표면에 산화티탄을 코팅하고 태양광이나 **형광등** 빛을 쪼여주면 김이 서리지 않게 할 수도 있다.

[2] 안전운전에 기여하는「빗방울 맺힘 방지 자동차 거울」

자동차의 사이드미러에도 광촉매 코팅기술을 사용하면 비오는 날에도 빗방울이 맺히지 않아 안전운전을 할 수 있다.

자동차 사이드미러에 **빗방울 맺힘 방지**를 위하여 광촉매를 응용하는 경우 낮에는 충분한 효과가 나오지만 일몰 후 몇 시간이 지나면 효과가 없어지는 문제점이 있다.

이 문제는 **실리카**를 첨가하여 해결되었다. 실리카는 표면에 물분자를 흡착하는 성질이 있다. 산화티탄 광촉매의 산화분해력에 의해 실리카 표면이 깨끗해지면 여기에 물분자가 강하게 흡착하여 일몰 후처럼 어두운 상황에서도 친수성이 유지되는 것이다.

실리카를 첨가한 광촉매에 빛이 조사되어 일단 초친수성 상태가 되면 그 후 어두운 곳에 방치하여도 1주일 이상 초친수성을 유지하였다.

이렇듯 여러 기술의 복합화에 의해 처음으로 자동차의 빗방울 맺힘 방지 사이드미러가 탄생하게 되었다.

광촉매 자동차용 사이드미러의 제조방법은 유리 성분인 나트륨의 확산 방지를 위하여 먼저 실리카층을 형성하고 그 위에 산화티탄과 실리카의 혼합용액을 코팅한다.

또는 산화티탄층 위에 실리카를 섬 모양으로 코팅하여 어두운 상황에서 친수성의 유지력을 높이려는 시도도 진행되고 있다.

7-6 국제우주정거장을 정화하는 UV-LED 광촉매

산화티탄 광촉매가 작동하려면 태양광이나 실내조명에 포함된 400 nm 이하의 **근자외선**이 필요하다.

이것은 태양광이나 실내조명 전체에서 보면 매우 제한된 약한 빛이다.

예를 들어 낮의 야외는 1 mW/cm^2 정도, 생활공간에 있어서 실내조명은 1 μW/cm^2 이하이다(그림 7-11).

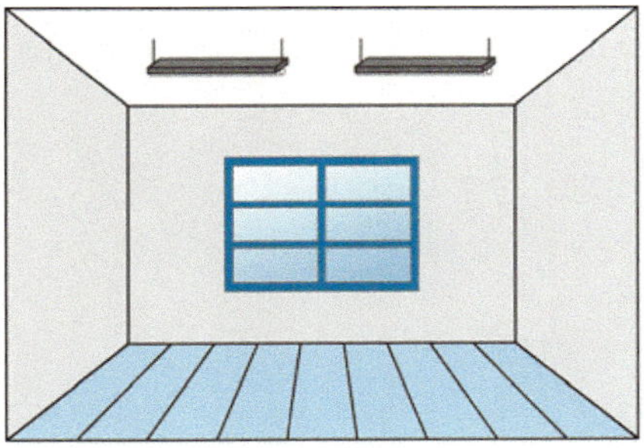

형광등 표면: 0.2 mW/cm^2
태양광: 수 mW/cm^2 수준
생활공간: 수 μW/cm^2 수준

조도	자외선 양(1 cm^{2}당)	
	형광등	백열등
100룩스 거실, 병실	0.4 μW 7×10^{11} photon/sec	0.07 μW 1.2×10^{11} photon/sec
200룩스 테이블 위, 대기실	0.8 μW 1.4×10^{12} photon/sec	0.14 μW 2.4×10^{11} photon/sec
1000룩스 책상, 수술실	4 μW 7×10^{12} photon/sec	0.7 μW 1.2×10^{12} photon/sec

(photon/sec: 단위시간 당 광자 수)

그림 7-11 주변 생활환경의 자외선 양

그러므로 실내에서 광촉매를 효율적으로 활용하기 위한 3가지 접근방법으로 ① 공기청정기의 광원으로 자외선(UV)램프와 광촉매 필터를 모듈화하여 최대한의 반응을 이끌어낼 것, ② 가시광 영역에도 반응하는 광촉매를 개발할 것,

③ 생활공간의 아주 약한 빛에도 반응하도록 광촉매의 감도를 높일 것 등 대책이 검토되고 있다.

[1] 광원과 광촉매 필터의 모듈화

자외선(UV)램프로는 지금까지 형광램프(블랙라이트), 크세논램프, 고압수은램프, 메탈할라이드램프 등이 이용되었다.

업소용 **탈취·살균장치**로는 통 형태 **광촉매 필터**의 중앙에 **자외선**(UV)램프를 넣어 모듈화한 제품이 있다(유빅스, 재팬하이테크서비스).

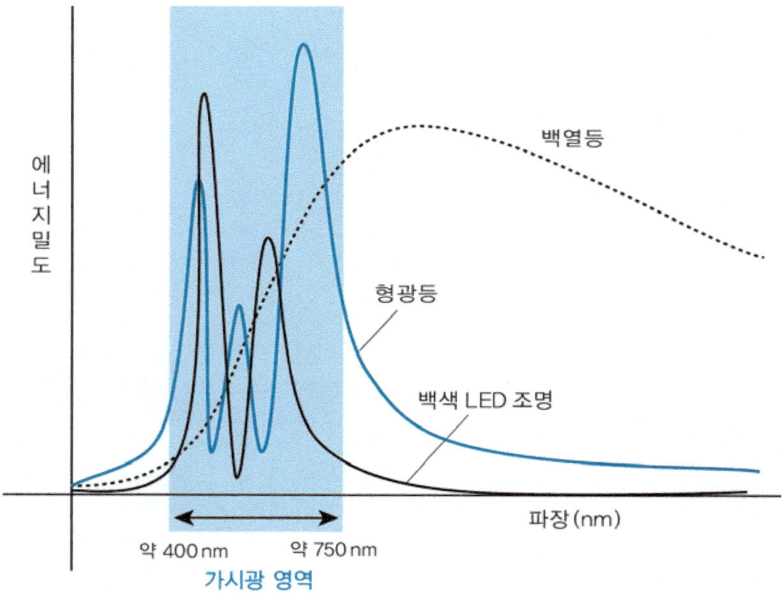

그림 7-12 형광등, 백색 LED조명, 백열등의 광원 비교

다공성 필터에 빛이 난반사하여 전체적으로 효율적인 광촉매 반응이 진행되도록 만든 구조이다. 현재 사무실, 주택, 상업시설에서부터 청소센터, 하수처리장 등 악취 발생 시설에 이르기까지 다양한 곳에서 사용되고 있다.

최근 **조명기구**의 LED화가 급속히 진행되고 있는데, 수명이 길고 에너지나 공간을 절약할 수 있다는 장점 때문에 LED가 광촉매 광원으로도 사용되기 시작하였다(그림 7-12).

일상생활 공간에서 문제가 되는 수준의 악취물질 농도를 처리하는데 광촉매용 광원으로 **형광등**과 **백색** LED조명의 성능을 비교한 결과 동등한 효과가 확인되었다.

[2] UV-LED가 국제우주정거장을 정화

광원으로 UV-LED를 사용한 광촉매식 공기청정기가 제품화되어 국제우주정거장에서 활약하고 있다.

무중력의 밀폐폐쇄공간에서는 안전하고 장기간 살균·탈취가 가능하여야 하며 근본적으로는 로켓발사할 때 큰 충격에도 견딜 수 있는 구조를 전제로 하고 있다.

이러한 가혹한 조건을 해결하고 국제우주정거장에 장기 체류하는 우주비행사를 세균과 악취로부터 보호하기 위해서는 UV-LED를 광원으로 하는 광촉매가 활약할 수 있으리라 기대하고 있다.

가시광 응답형 광촉매를 이용하여 광원으로 LED를 사용하는 광촉매 필터와 일체형 모듈로 된 것이 도시바머터리얼에서 제품화되었다.

광원으로 LED를 이용하여 모듈의 소형화가 가능해졌을 뿐만 아니라 설치공간이나 용도에 맞도록 모듈을 소비자 맞춤형으로 사용할 수 있게 되었다.

탈취, 항균·항바이러스 효과 이외에 **에틸렌**을 분해하여 야채의 신선도를 유지하는 효과도 있기 때문에 **냉장고**에 사용되고 있으며, 에어컨이나 청소기, 선풍기 등 생활가전에 응용도 가능하다.

[3] 국제적으로 급속히 진행되는 LED화

LED(Light Emitting Diode: **발광다이오드**)는 이른바 빛나는 **반도체**이다. **n형 반도체**와 **p형 반도체**로 pn접합을 만들고 전류를 흘리면 빛이 발생하는 구조이다.

방출되는 빛의 파장은 재료의 밴드갭에 의해 정해지며, 적외선 영역에서 가시광 영역, 자외선 영역까지 다양한 파장의 빛을 얻을 수 있다.

또한 빛의 3원색인 파랑, 빨강, 녹색 LED를 사용하면 모든 색을 표현할 수 있다.

백열등 등 기존 광원과 비교하여 수명이 길고, 소비전력이 적으며, 소형화 등 장점이 있는 백색이나 전구색의 LED가 만들어져서 실내조명으로 보급되고 있다.

LED전구의 공급이 본격화되면서 일본대형전기업체들은 전구형 형광램프의 제조를 이미 종료하였다.

광촉매 성능시험의 시험광원으로 지정되어 있는 형광램프도 어느 시점에는 출하가 중지되어 구입이 곤란해지리라 예상된다.

형광램프에는 미량의 수은이 들어있어, 수은을 이용한 제품의 제조 및 수출입을 규제하는 국제협약(「수은에 관한 미나마타조약」, 2013년, 유엔환경계획〈UNEP〉 채택)의 규제 대상 품목이다.

일본 국내에서 생산되는 형광램프에 들어있는 수은의 양은 규제치를 만족하고는 있지만 국제적으로 **탈수은**, LED화는 확실히 진행되고 있는 추세이다.

향후 광촉매의 국내외 규격(JIS, ISO)의 성능평가에 사용할 시험광원에 대해서도 LED화를 추진해야 할 것으로 보인다.

Column

갈릴레이, 패러데이, 파스퇴르, 위대한 선구자로부터 무엇을 배울 것인가?

저자는 중학교나 고등학교에 초청되어 방문강의를 자주 하고 있다.

전공인 광촉매 내용만이 아니라 위대한 과학자에 대해서도 이야기한다. 특히 존경하는 과학자는 갈릴레오 갈릴레이, 마이클 패러데이, 루이 파스퇴르 3명이다.

1564년 이탈리아 피사에서 태어난 갈릴레이의 천재성은 대단하다. 1610년 스스로 만든 망원경으로 달을 관측하였고 목성에 4개의 위성이 있다는 것을 발견하였으며 이에 대해 저술한 「성계의 보고」(이와나미 서점, 1976년)는 저자의 애독서이다. 지동설을 주장하여 종교재판을 받으면서 「그래도 지구는 돌고 있다」는 말을 계속하였다.

영국의 패러데이도 대단히 훌륭하다.

1791년에 태어난 패러데이는 집이 가난하여 제본업자 집에서 길러졌다. 점심시간에 자신이 제본한 책을 읽고 과학에 관심을 갖게 되었다. 20살 때 유명한 화학자 험프리 데이비의 공개 강연을 왕립연구소에서 듣고 최종적으로 왕립연구소의 조수가 되었다.

이후 46년간이나 왕립연구소의 다락방에서 살면서 혼자 열심히 연구를 거듭하여 전기분해법칙과 발전기원리의 기초가 되는 전자기유도의 존재를 밝히는 등 많은 업적을 남겼다.

패러데이의 훌륭한 점은 수많은 발견을 한 것 외에도 두 가지가 있다.

하나는 일반인을 대상으로 명강연을 많이 한 것이다. 1860년에 진행한 연속강연 「촛불의 과학」은 특히 유명하다(1861년에 발간).

또 하나는 꼼꼼한 실험노트를 남긴 것이다. 「패러데이의 다이어리」라 불리는 노트는 그의 많은 발견과 함께 훌륭한 유산이라 생각한다.

예를 들어 1831년 8월 29일의 페이지를 열어보면 패러데이가 전자기유도를 발견했을 당시 어떤 실험을 하였고 무엇을 생각하였는지 이해하기 쉽게 적혀 있다.

그리고 인류의 은인이라 불리우는 파스퇴르이다.

1822년에 태어난 프랑스 과학자로 반신불수가 되었으면서도 많은 획기적인 연구를 수행하였다. 예를 들어 생명은 생명으로부터만 태어날 수 있다는 점을 증명하였고, 많은 질병의 원인이 미생물이라는 것을 처음 발견하였으며 전염병으로 고통받는 사람들을 구하기 위하여 백신을 개발하였다. 그 밖에도 식품의 보존법 등 현대 생활 곳곳에서 파스퇴르의 연구가 도움이 되고 있다.

제 8 장

광촉매 기술의 표준화 및 제품 인증제도

8-1 일본(JIS)과 세계(ISO)에서 시험방법 표준화

환경정화를 위한 광촉매 기술이 실용화되기 시작하면서 세상에서 주목받는 것은 고마운 일이지만, 동시에 광촉매 붐에 편승하여 거의 효과가 없는 소위 가짜 제품도 등장하고 있다.

이를 방치해두면 광촉매 기술에 대한 소비자의 신뢰를 잃게 된다. 그렇게 되지 않으려면 어떻게 해야 할까?

그래서 생각한 것이 두 단계를 거치는 것이다.

첫 번째 단계는 광촉매 효과를 조사하는 시험방법을 **표준화**하는 것이다.

JIS(일본공업규격)뿐만 아니라 ISO(**국제표준화기구**)에 있어서도 일본이 중심이 되어 시험방법을 제정하고 있다. 이는 일본에서 시작한 광촉매 산업이 언젠가는 해외로 확장되어 갈 것으로 예상되므로 꼭 필요한 사항이다. 이 단계의 업무는 시작부터 산업기술종합연구소의 K. Takeuchi 박사가 맡아서 추진하고 있다.

두 번째 단계는 제정한 표준시험방법에 의해 광촉매의 확실한 성능이 확인된 제품에 대해 **인증제도**를 마련하는 것이다.

이것은 소비자의 입장에서 보면 당연한 것이다.

광촉매 효과로는 항균, 탈취, 더러움 방지 등이 있지만 이런 효과들은 소비자가 육안으로 확인하기 곤란하므로 "정말 효과가 있을까?"라고 의문을 가질 수밖에 없는 효과들이다.

또한 안전성에 대해서도 확실한 품질보증제도가 있으면 안심하고 사용할 수 있다.

이 두 번째 단계에 대해서는 **일본광촉매공업회**에 의한 인증제도가 확립되어 있으며, 첫 번째 단계를 바탕으로 정해진 성능기준을 충족하는 광촉매 제품에 대해서는 그 인증으로 PIAJ(Photocatalysis Industry Association of Japan) 마크 사용을 허가해 주는 시스템이다.

제품의 인증제도에 대해서는 다음 항목에서 다루기로 하고, 여기서는 첫 번째 단계인 시험방법의 표준화에 대해 소개하고자 한다.

[1] JIS, ISO에 의한 표준화 제정 상황

광촉매 효과를 평가하는 시험방법의 표준화 작업은 JIS는 요업분야(R), ISO는 파인세라믹스전문위원회(TC206)에서 진행하고 있다.

2002년, 일본에 있는 광촉매 관련 연구소·기업 등이 협력하여 **광촉매표준화위원회**를 발족하였다.

이 위원회에서 원안을 만들고, JIS와 ISO에 제안하여 표준화를 제정하는 흐름으로 진행되었다. 광촉매에는 다양한 기능이 있으므로 시험방법의 표준화도 이에 맞도록 「셀프클리닝」, 「공기정화」, 「**수질정화**」 등 각각 개별적으로 제정할 필요가 있다.

당초 계획하였던 표준형은 JIS는 2008년, ISO는 2013년까지 제정 작업을 완료하였다. 가시광 응답형 광촉매 시험방법은 기존 형태와는 다른 방식으로 표준화를 진행하였고, 이것에 대해서도 JIS는 2013년에 완료하였다.

표 8-1과 표 8-2에 기존 형태인 자외선 응답형과 가시광 응답형으로 나누어 제안과 제정 상황을 정리하였다.

하지만 표준화는 일단 제정하는 것으로 끝이 아니다. 항상 재검토하고 상황에 맞게 개선해 나가는 것이 중요하다. 제정된 규격은 5년마다 재검토하기로 되어있어 JIS와 ISO 각각 재검토와 확인작업을 진행 중이다.

[2] 해외 광촉매 표준화에 대한 노력

세계무역기구(WTO)에 따르면 회원국은 국제규격을 바탕으로 국내규격을 정해야하는 것으로 되어있다.

표 8-1 광촉매 JIS 및 ISO의 제안과 제정 상황 (기존 자외선 응답형)

분류	시험방법	JIS				ISO		
		제안	제정	최종개정	번호	제안	발행	번호
셀프 클리닝	물 접촉각	2006/03	2007/07	-	R 1703-1	2005	2009/07	ISO 27448-1 *
	메틸렌블루 탈색	2006/03	2007/07	2014/02	R 1703-2	2006	2009/10	ISO 10678 †
공기 정화	일산화질소	2003/03	2004/01	2016/07	R 1701-1	2013	2016/11	ISO 22197-1 ‡
	아세트알데히드	2006/03	2008/03	2016/07	R 1701-2	2006	2011/03	ISO 22197-2 †
	톨루엔	2006/03	2008/03	2016/07	R 1701-3	2006	2011/03	ISO 22197-3 †
	포름알데히드	2007/03	2008/10	2016/07	R 1701-4	2008	2013/04	ISO 22197-4
	메틸메르캅탄	2007/03	2008/10	2016/07	R 1701-5	2008	2013/04	ISO 22197-5
수질 정화	디메틸설폭사이드	2006/03	2007/10	-	R 1704	2006	2010/12	ISO 10676 *
미생물	항균	2006/03	2006/09	2012/05	R 1702	2005	2009/05	ISO 27447 †
	항곰팡이	2007/03	2008/03	2016/07	R 1705	2008	2013/02	ISO 13125
	항바이러스	2012/04	2013/02	-	R 1706	2010	2015/05	ISO 18061
	방조(이끼방지)	-	-	-	-	2013	2016/03	ISO 19635
공통·기타	광원	2006/03	2007/07	2014/02	R 1709	2006	2011/06	ISO 10677 *
	용존산소소비량(한일)	2015/06	2016/07	-	R 1708	2013	2017/01	ISO 19722
	양자효율측정법(한국)	-	-	-	-	2013		WD 19728
	잉크막간이법(영국)	-	-	-	-	2015		CD 21066
	유기체탄소측정(한중일)	2017/03				2017		NP 22601

*ISO 정기 재검토에서 계속 승인 완료, † 정기 재검토 작업 중,
‡ 제2판(초판은 2007년) [2017년 5월 현재]
출처: 회보광촉매, Vol. 53, p. 7 (2017)

표 8-2 광촉매 JIS 및 ISO의 제안과 제정 상황 (가시광 응답형)

분류	시험 방법	JIS				ISO		
		제안	제정	최종개정	번호	제안	발행	번호
셀프 클리닝	물접촉각	2012	2013/02	-	R 1753	2013	-	DIS 19810
공기정화	일산화질소	2012	2013/02	-	R 1751-1	2012	-	DIS 17168-1
	아세트알데히드	2012	2013/02	-	R 1751-2	2012	-	DIS 17168-2
	톨루엔	2012	2013/02	-	R 1751-3	2012	-	DIS 17168-3
	포름알데히드	2012	2013/02	-	R 1751-4	2012	-	DIS 17168-4
	메틸메르캅탄	2012	2013/02	-	R 1751-5	2012	-	DIS 17168-5
	소형챔버법	2012	2013/02	-	R 1751-6	2010	2014/11	ISO 18560-1
미생물	항균(ISO는중일공동)	2012	2013/02	-	R 1752	2009	2014/05	ISO 17094
	항바이러스	2012	2013/02	-	R 1756	2012	2016/07	ISO 18071
	실환경항균					2017	-	NP 22551
기타	광원	2011	2012/06	-	R 1750	2009	2013/10	ISO 14605
	완전분해	2012	2013/02	-	R 1757	2013	-	DIS 19652

출처: 회보광촉매, Vol. 53, p 7 (2017)

지금까지의 조사에 의하면 한국, 영국, 스페인, 말레이시아 등에서 ISO번호를 붙인 국내규격이 발행된 것이 확인되었다.

유럽에서는 광촉매 연구가 오랫동안 진행되어 2008년에는 유럽표준화위원회에 **광촉매전문위원회(CEN/TC386)**가 설립되었다.

프랑스가 의장국으로 이탈리아, 벨기에 등과 함께 현재 10건의 규격 원안이 제안되어 제정을 위한 작업이 진행되고 있다. 2014년에는 이 중 첫 번째 규격으로 광원에 관한 규격이 처음으로 발행되었다.

ISO 내부의 다른 전문위원회에서는 광촉매 나노입자의 안전성 평가 및 광촉매 세라믹 타일의 항균 활성 등에 관한 제안이 진행되고 있다. 지금까지 제정되어 있는 규격과의 정합성을 취하면서 앞으로의 규격 제안 및 재검토 등에 일본이 계속 주도권을 잡기 위해서는 각국과의 협력을 강화해 나갈 필요가 있다.

국제협력 강화 측면에서 아시아 각국과의 기술교류, 기술이전도 중요한 활동이 될 것이다. 아시아에도 광촉매 제품이 보급되기 시작하여 이미 한국, 중국, 대만 등에는 일본의 광촉매공업회에 해당하는 단체가 설립되었다.

또한 2007~2011년의 5년 동안 아시아 주요 11개국(일본, 중국, 한국, 대만, 싱가포르, 인도, 인도네시아, 말레이시아, 필리핀, 태국, 베트남)의 광촉매 관계자와 ISO 관계자에 의한 「**아시아광촉매표준화회의**」가 개최되었으며, 그 후에도 지속적인 국제회의가 열리고 있다.

일본의 광촉매 기술을 아시아 지역에 전파하고 건전한 시장을 형성해 나가기 위해서는 각국의 실정에 맞는 시험방법과 제품규격을 확립할 필요가 있다. 또한 공동실증실험 등을 진행하여 광촉매 산업의 국제화에 도움이 되었으면 한다.

8-2 광촉매 제품 인증제도

[1] 건전한 시장 형성과 보급체제

앞에서도 언급한 바와 같이 2006년 광촉매 제품의 일본 산업계단체로 **일본 광촉매공업회(PIAJ)**가 설립되었다. 1995년 광촉매 제품의 시장 도입이 시작된 이후 몇 개의 개별 산업계단체, 제품 포럼활동 등이 이루어지고 있었지만, 이 단체들을 모아서 일본통합체제를 목표로 설립된 것이다.

정회원 등록 기업 94개사, 찬조회원 31개사이며, **PIAJ 인증제품**으로는 99 제품(40개사)이 있다(2017년 7월 현재). 그림 8-1의 조직도에 PIAJ가 담당하는 역할의 전체 상황을 나타내었다.

PIAJ에 의한 광촉매 제품 **인증제도**는 2009년에 시작되었다. 그 후 2016년 11월부터 가시광 응답형 제품의 인증을 시작하였으며, 인증마크로 성능 레벨 부분에 광원의 차이를 표시한 「**신·PIAJ 마크**」를 발급하고 있다(그림 8-2).

[2] 시험방법의 표준화에 바탕을 둔 인증제도

일본광촉매공업회(PIAJ)에서 진행하는 제품 **인증제도**는 소비자가 사용할 최종제품 상태에서 광촉매 효과가 있다는 것을 인증하고 있다.

그 판단의 기준이 되는 것이 「**성능판정기준**」이다. 광촉매 성능을 측정하는 기준으로 일본공업규격(JIS) 시험방법을 채택하고 있다.

또한 **인증제도**를 지탱하는 인증시스템으로는 국제가이드(ISO/IEC가이드28 「제3자 제품 인증제도의 지침」)을 참조하여 「광촉매 제품의 인증에 관한 제 규정」이 제정되었다.

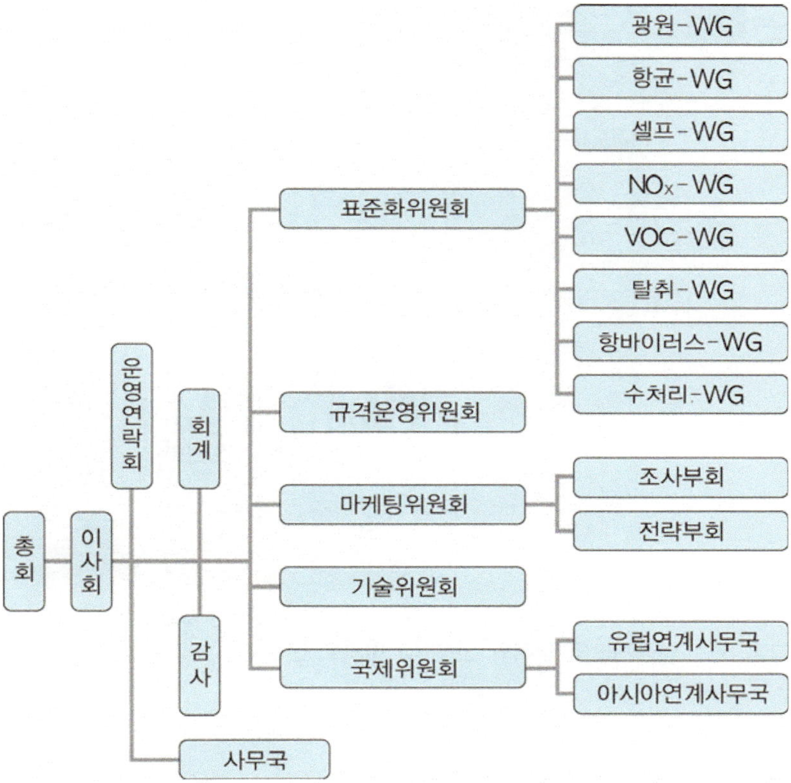

그림 8-1 일본광촉매공업회(PIAJ)의 역할을 정리한 조직도

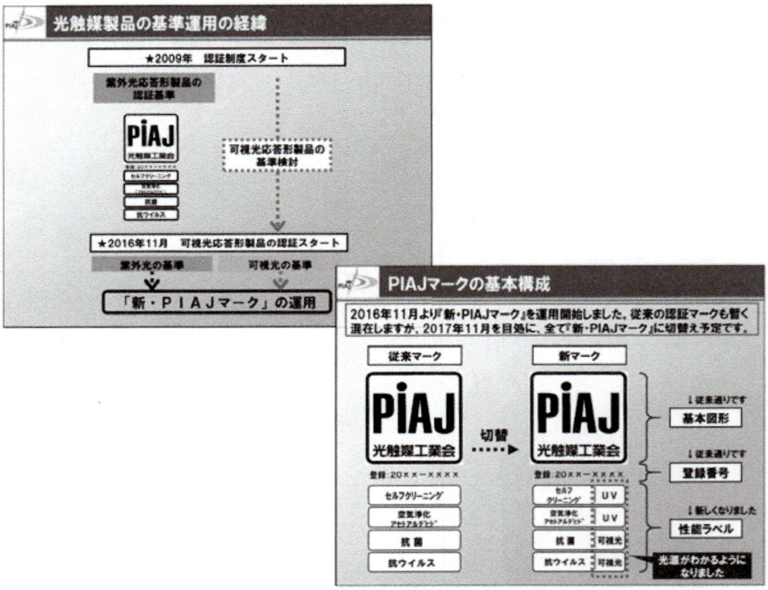

출처 : 일본광촉매공업회 HP

그림 8-2 인증제도의 경위와 신·PIAJ 마크로 전환

즉 첫 단계인 시험방법의 표준화를 정확하게 제정하여야만, 다음 단계인 신뢰성있는 제품 인증제도의 구축이 가능하다.

성능판정의 기준치는 유용한 효과를 기대할 수 있는 최소한의 성능값으로 PIAJ 내부 표준화위원회에서의 논의를 기초로 한다.

나아가 회원기업을 대상으로 하여 개별 코멘트의 모집, 제3자위원회의 심의를 받도록 정밀하게 조사하고 있다.

제품인증을 받으려면 성능판정 기준치를 충족하는 동시에 안전성과 내구성의 평가에 대한 기준도 충족하여야 한다. 이에 대한 자세한 내용은 일본광촉매공업회의 홈페이지(http://www.piaj.gr.jp/roller/)에서 확인할 수 있다.

표 8-3 광촉매 제품의 안전성 기준

안전성 시험의 종류	안전성 시험법	안전성 기준	GHS 대상 분류	GHS 분류
급성 경구독성	쥐 또는 마우스에 대한 1회 투여 시험	LD_{50}은 2,000 mg/kg 이상인 경우	급성 독성 (경구)	구분 외
피부 1차 자극성	토끼를 이용한 피부 1차 자극성 시험	자극 반응이 인정되지 않거나 약한 자극성 정도	피부 부식성·자극성	구분 외
변이원성	세균을 이용한 시험	돌연변이 유발성이 음성일 것	생식세포 변이원성	구분 외
	고차시험	음성일 것		
피부 민감성	Adjuvant and Patch Test, Maximization Test를 원칙으로 함	음성일 것	피부 민감성	구분 외

출처 : 회보광촉매, Vol. 46, p 55 (2015)

[3] 안전성 기준과 관리책임자의 배치 의무

광촉매 제품은 생활하는 공간에서 사용하기 때문에 건강 유해성을 고려한 표 8-3과 같은 안전성 기준이 마련되어 있다.

안정성 기준치는 「화학제품의 분류 및 표시에 관한 국제조화시스템(GHS)」을 기초로 정해져 있다.

또한 제품을 사용하는 상태에서 평가하는 것을 원칙으로 하기 때문에 페인트, 코팅제, 스프레이 등은 액체상태가 아니라 도장 후의 굳은 도장막 성분에 대하여 안전성을 평가하게 되어 있다.

나아가 PIAJ 정회원 기업은 광촉매 제품 및 관련 기술에 대해 잘 알고 있는 광촉매 제품 관리책임자를 1인 이상 배치하여 소비자의 문의나 요청에 책임지고 대응하여야 한다. PIAJ에서는 정기적으로 강습회를 개최하여 광촉매에 대한 정보 제공에 노력하고 있다.

[4] 인증 절차 및 인증 후 감사 활동

광촉매 제품이 **PIAJ 인증제품**이 될 때까지의 절차를 그림 8-3에 나타내었다.

신청에 필요한 서류는 일본광촉매공업회의 홈페이지에서 다운로드받아 사용할 수 있다.

그러나 인증활동도 표준화작업과 마찬가지로 한 번 인증을 받으면 그것으로 끝이 아니다. 소비자로부터 인증제도가 신뢰를 받으려면 PIAJ 마크를 획득한 제품이 오랫동안 성능을 유지하는 것이 무엇보다 중요하다. 이를 위하여 그림 8-3의 인증 절차에 인증 후 감사활동을 포함시켰다.

시장에서 임의로 광촉매 제품을 구입하여 시험기관에서 성능 확인 시험을 수행하거나 공장 방문 조사, 소비자의 정보에 근거한 조사 등으로 실시한 감사결과에서 위반 또는 허위 표시나 과장 표시 등이 발견되면 경고 또는 PIAJ 마크 사용 정지 등 조치를 취하도록 되어 있다.

인증과 감사를 양축으로 하여 꾸준하고 성실한 활동이 있어야만 광촉매 제품의 신뢰성이 확실하게 높아질 수 있다고 확신한다.

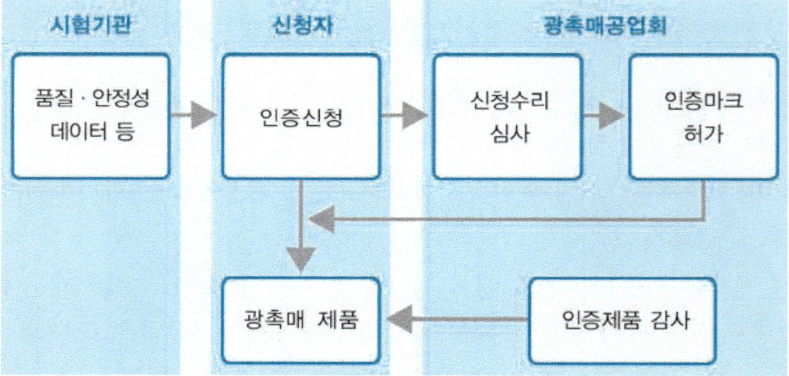

그림 8-3 일본 광촉매 제품의 PIAJ 인증 절차

저자가 7년간 이사장을 역임하였고 **PIAJ 마크**의 모든 항목에 대한 지정 시험기관의 하나로 현재도 광촉매 연구프로젝트의 리더 역할을 하고 있는 카나가와과학기술아카데미(현 카나가와현립산업기술종합연구소)의 인증평가시스템과 광촉매 전시관에 대해서는 부록에서 소개하고자 한다.

부 록 광촉매 성능평가와 광촉매 전시관

광촉매 성능평가에 관한 KISTEC(구 KAST)의 종합 지원

이럴 때 이용하여 주십시오

- 광촉매 제품 성능을 증명하기 위하여 JIS 또는 ISO시험이 필요하다.(공기정화, 탈취, 셀프클리닝, 항균·항바이러스 성능 등)
- 광촉매 제품개발에 있어 공동연구를 포함하여 종합적인 지원이 필요하다.
- 규격시험은 아니지만 제품의 사용환경을 모사한 성능평가 시험을 실시하고자 한다. 또는 새로운 성능평가 시험방법의 디자인을 상담하고자 한다.

● 각종 JIS·ISO 시험

일본광촉매공업회는 성능, 이용방법 등이 적절하다고 인정되는 광촉매 제품에 대하여 PIAJ 인증마크를 부여하고 있다. PIAJ 마크의 인증 시험방법에는 JIS규격 시험방법이 채택되어 있으며, 일본광촉매공업회에 의한 다각적인 검증과 고찰을 거쳐 기준이 마련되어 있다.

일본광촉매공업회는 JIS규격시험을 실시하는 기관으로 여러 시험기관을 지정하고 있으며, 카나가와현립산업기술종합연구소(KISTEC)는 광촉매공업회가 지정한 PIAJ 마크의 모든 항목에 대한 추천 시험기관이다. 또한 JIS시험에 해당하는 ISO 시험도 실시할 수 있다.

시험방법의 예(R1701-2, 아세트알데히드 제거시험)

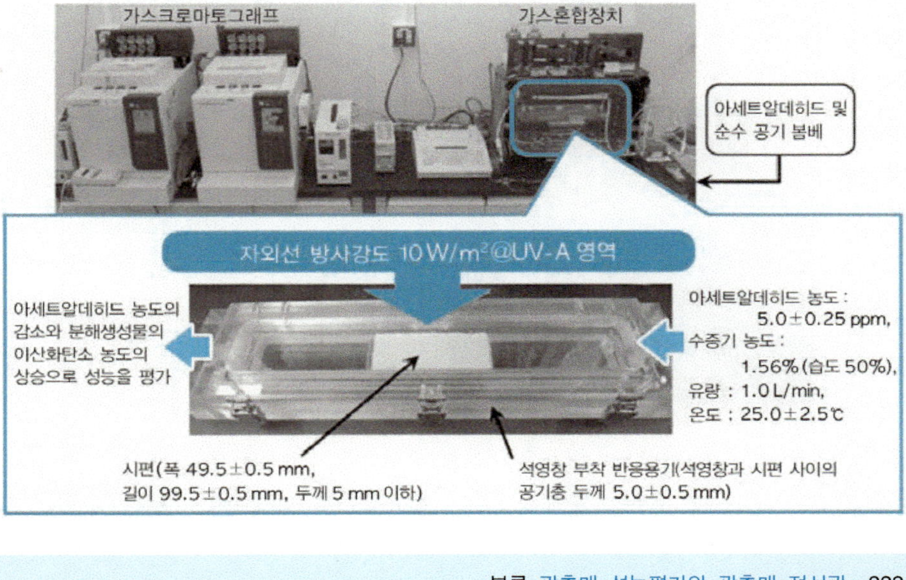

● 각종 광촉매 제품 개발에 따른 성능 평가시험의 제안

❶ 원료평가

TEM 등에 의한 미세구조 관찰
XPS에 의한 표면분석
LED 광원 등에 의한 평가,
광학특성, 내광시험 등

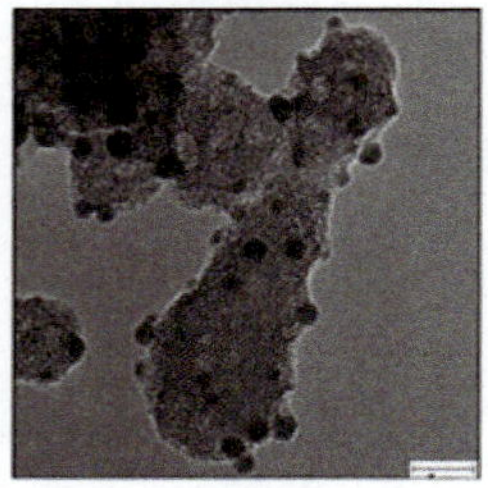

TiO2-Au 입자 TEM 사진

❷ TiO_2-Au 입자 재료에서 장치까지 공기정화 성능평가

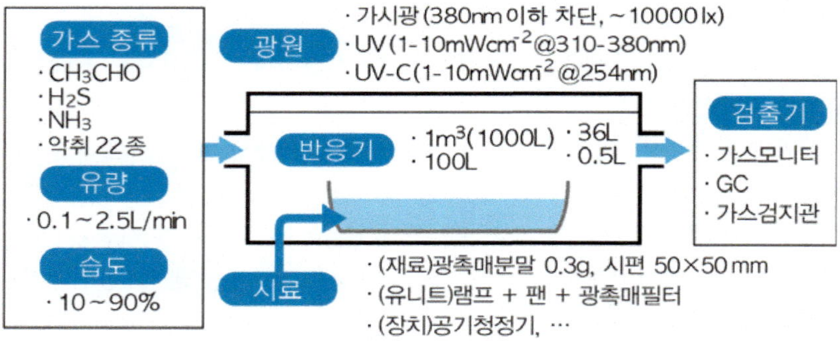

가스제거시험계
(원하는 조건으로 시험 가능)

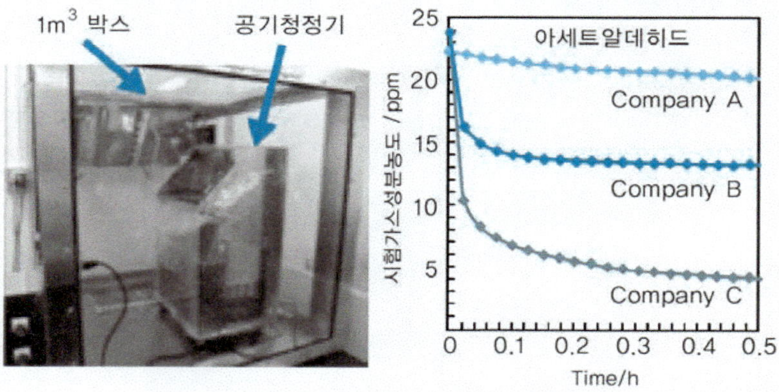

예) $1m^3$ 박스를 이용한 공기청정기 성능평가

● 동물 감염 바이러스를 이용한 항바이러스 성능 평가시험

자외선 응답형 광촉매 가공품의 항바이러스 효과

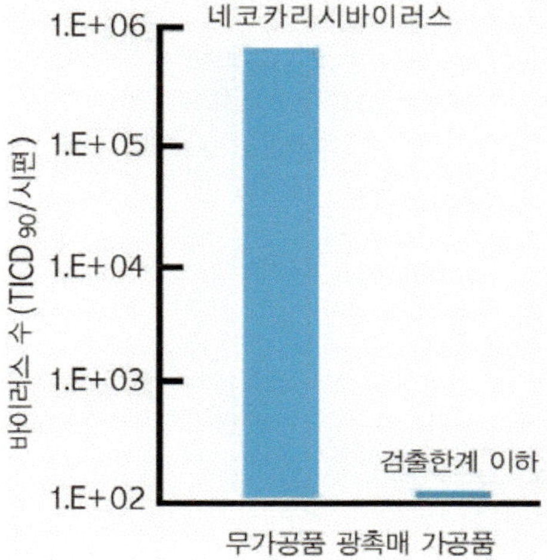

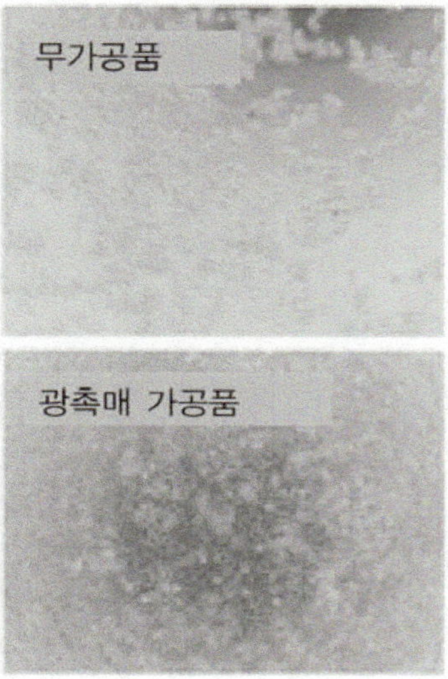

● 새로운 ISO 제안 : 실제 환경에서의 항균 성능 평가시험

실제 환경에 존재하는 다양한 광촉매 반응 억제인자(손때, 먼지)를 고려한 새로운 시험방법 개발

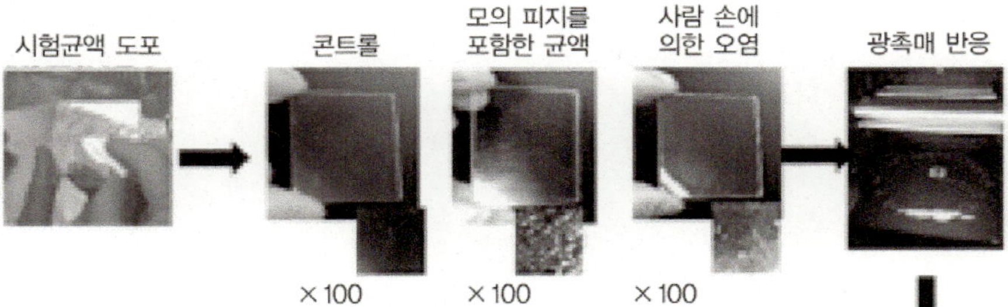

항균활성의 차이

ISO17094시험	실제 환경에서 시험	새로운 시험방법
99~99.99%	50~90%	40~90%

● 액체나 공기청정기 필터 등의 항균·항바이러스 성능시험

| 문의처 |

재료계	항균 · 바이러스계
地方独立行政法人 神奈川県立産業技術総合研究所 **川崎技術支援部・光触媒材料研究グループ** 〒213-0012 川崎市高津区坂戸3-2-1 KSP東棟1F TEL 044-819-2105 FAX 044-819-2108 E-mail mcl@newkast.or.jp URL http://www.newkast.or.jp 受付時間 平日 9:00～17:00	地方独立行政法人 神奈川県立産業技術総合研究所 **抗菌・抗ウイルス研究グループ** 〒210-0821 川崎市川崎区殿町3-25-13 LiSE4階 TEL 044-280-1181 FAX 044-280-1182 E-mail pg-shiken@newkast.or.jp URL http://www.newkast.or.jp 受付時間 平日 9:00～17:00

KSP 테크노플라자 광촉매 전시관 안내

「광촉매 전시관」 개요

ㅇ 개설장소: 카나가와사이언스파크 (川崎市高津区坂戸3-2-1) 서동 1층 로비
ㅇ 개관시간: 토-일요일, 휴일, 연말연시를 제외한 월~금요일 10:00~17:00
ㅇ 입장 무료
ㅇ 관장: Akira Fujishima (실용화실증사업실장, Tokyo이과대학총장)

[연락처]

ㅇ 광촉매 전시관 (개관시간, 전시품·배포물의 상황 등에 대하여)
TEL/FAX: 044-814-5096 E-mail: museum@newkast.or.jp
ㅇ KAST사무국 (전시관 운영, 전시물 신청, 단체견학 등에 대하여)
담당 : 코바야시 케이이치 TEL : 044-819-2034 E-mail : res@newkast.or.jp

자사 제품의 PR 및 수주 활동 등

「광촉매 전시관」에서는 운영협력기업의 광촉매 제품이나 판넬전시, 팜플렛 배포를 실시하고 있습니다. 귀사의 제품도 전시해보지 않으시겠습니까?

■ 「광촉매 전시관」에 전시할 수 있는 것

- 광촉매 제품
  ※ Fujishima관장의 요청에 따라 PIAJ 마크 취득이나 JIS 등의 시험에 의해 광촉매기 능이 객관적으로 증명된 제품으로 제한한다.
  ※ 제품의 광촉매 기능을 선전하는 데모실험장비나 제품설치 등의 전시도 환영한다.
- 전시판넬
- 카탈로그, 팜플렛(제품 또는 기업소개) 등

■ 운영협력금 10만엔/년

■ 「광촉매 전시관」 활동 등

- 견학·산업관광 접수(연간 입장객 약 5000명)
- 실험교실·출장실험 실시
- 신문·텔레비전 등 취재 대응
- 과학잡지 등에 홍보활동 등

전시관 입구회관

원리설명 데모실험
(물의 분해)

제품 · 판넬전시장

제품전시예(현물 설치)

광촉매 실험 교실

「젊은 대장의 느긋한 산책」
(2014년 4월 방영, TV 아사히)
취재

견학, 상담, 연수 등

「광촉매 전시관」을 언제든지 이용할 수 있습니다. 운영협력기업 이외에도 이용 가능하오니 우선 상담해 주세요.

▸ 새롭게 광촉매 기술을 자사제품에 활용하기 위하여 팜플렛 수집과 기술상담 등의 정보를 얻고 싶은 경우

- 팜플렛 등 배포 자료를 구할 수 있으며, 운영협력기업에 연락해드립니다.
- 재료개발이나 제품 평가 등의 관점에서 연구원의 기술상담을 주선해드립니다.

▸ 광촉매 기술이나 자사제품의 홍보를 위하여 고객과 동행하여 견학하고 싶은 경우(운영협력기업 등)

- 접수처에 연락해주세요. 데모기기 등을 사용하여 알기 쉽게 광촉매에 대해 설명해 드립니다.
- 운영협력기업은 전시관 내부의 상담 공간을 1시간 단위로 이용 가능합니다.
  ※ 음식물반입금지

▸ 영업직이나 신입사원의 광촉매기술에 대한 기업연수의 장으로 활용하고 싶은 경우

- 단체견학, 연수 등의 요청사항을 받습니다.
- 흥미나 관심분야에 따라 KISTEC연구실이나 시험계측장치의 견학도 가능합니다.
- 광촉매 기술이나 광촉매 JIS시험 등에 관한 소규모 세미나도 가능합니다.
- 일정이나 인원 수 등은 사전에 상담해 주세요.

광촉매에 대해 더욱 궁금한 점이 있으면 아래 사이트를 참고하여 주세요.

❶ 광촉매공업회
(Photocatalysis Industory Association of Japan ; PIAJ)
http://www.piaj.gr.jp/roller/

- 광촉매 제품의 인증을 실시하고 있는 업계 단체 사이트로 광촉매에 관한 용어해설, 광촉매 홍보동영상에서 JIS·ISO 제정 상황까지 자세히 설명되어 있습니다.

❷ 광기능재료연구회
http://pfma.jp/

- 광촉매에 관한 심포지움 개최 등을 알 수 있습니다.

❸ 광촉매국제연구센터(PIRC)
http://www.rs.tus.ac.jp/pirc/

- 산학관의 협력에 의한 광촉매의 실증연구를 진행하고 있으며, 실용적인 환경정화·에너지에 관한 종합 시스템 구축을 목표로 하고 있습니다.

맺음말

중국 고전 명언의 가르침,

「죽음의 계곡」을 극복하자

「죽음의 계곡」은 연구개발이나 제품개발을 진행하면서 자주 듣는 말이다.

과학분야에서는 기초연구에서 얻은 뛰어난 성과를 바탕으로 응용연구, 제품개발이 진행되어 새로운 제품이나 서비스, 새로운 시스템으로 세상에 나오길 요구하지만 거기까지 도달하는 여정이 결코 평탄하지만은 않다.

자주 중간의 어딘가에서 멈추어 「죽음의 계곡」을 극복할 수 없는 경우가 있다.

지금까지의 경험에서 조언한다면 여러 조직과 연계하여 연구개발을 진행하는 경우에는 담당자와의 의사소통과 동시에 조직의 책임자를 직접 만나 프로젝트의 의의를 깊이 이해시키는 것도 중요하다는 것이다.

「샌드위치방식」이라 부르는데 위와 아래에서 협력하여 진행하지 않으면 반드시 개발의 어느 시점에서 앞으로 진행하지 못하는 경우가 생기게 된다.

하나 더 조언이 있다면 연구개발에 관계되는 사람들이 좋은 분위기를 만들고 이를 지속해나가야 하는 것이다.

물론 적절한 시기에 자금을 조달하는 것도 중요하지만 팀 내부의 소통이 원활하여 스스로 일하고 싶은 분위기가 만들어지면 자연스럽게 질 좋은 성과는 따라오게 되어 있다.

어떻게 하면 좋은 분위기가 만들어질 수 있을까?

이것은 저자를 포함한 이공계 사람들에게 부족한 인간의 본질을 파악하고자 노력하여 항상 스스로에 대한 자긍심을 높이는 노력을 하는 것이 특히 팀의 리더에게는 필요한 일이라 생각한다.

『物華天寶, 人傑地靈』

이 문구는 중국 당나라 시인 왕발의 시 한 구절로 저자가 좋아하는 말 중 하나인데 중국에서는 춘절에 문설주에 많이 부치는 경사스러운 문구라고 한다.

이 문구에 대해 저자가 나름대로 해석을 하였다. 과학기술(物)의 성과(華)는 하늘에 숨겨진 보물이며, 보물은 뛰어난 분위기(地靈)를 가진 사람(연구그룹)에 의해 발견되어진다. 즉 뛰어난 분위기의 그룹에 소속되어 있으면 자연스럽게 각자의 능력도 한층 높아질 수 있다면 좋지 않겠는가?

약 2500년 전에 쓰여진 「논어」를 비롯하여 중국 고전에는 인간이 가지는 본질적인 성격이나 행동을 나타내는 원리원칙, 즉 인간관계에 대해 잘 설명하고 있다는 것을 느낄 수 있다.

지금 사회는 빠르게 변화하고 있지만, 그 바닥에는 변화하지 않는 부분이 엄연히 존재한다.

중국 고전이 말하는 인간학은 원리원칙일 뿐만 아니라 시대 변화에 영향을 받지 않는 신선한 매력이 풍부하여 현대의 우리에게도 납득되는 부분이 많다.

중국 고전을 접하게 되면 사회 밑바닥의 변함없는 본질의 부분을 생각하게 되어 항상 자긍심을 높이려는 노력을 기울이게 된다. 연구개발팀에 그런 사람이 많이 있었으면 하는 바람이다.

예를 들어 옆 자리 사람이 「논어」에 나오는 『자신이 받길 원하는 일이 있으면 먼저 상대에게 해주자』는 말에 감동했다면 이 말을 팀이 공유하면서 목표달성에 전진해보자. 그러면 우리에게 과학기술(物)의 성과(華)를 꽃피우는 날이 찾아오리라 생각한다.

【참고문헌】

- 藤嶋昭・橋本和仁・渡部俊也共著
『光クリーン革命——酸化チタン光触媒が活躍する』(シーエムシー出版、1997年)

- 藤嶋昭、橋本和仁、渡部俊也著
『光触媒のしくみ』(日本実業出版社、2000年)

- 藤嶋昭・瀬川浩司共著
『光機能化学——光触媒を中心にして』(昭晃堂、2005年)

- 藤嶋昭著
『天寿を全うするための科学技術——光触媒を例にして』
(川崎市生涯学習財団かわさき市民アカデミー出版部、2006年)

- 藤嶋昭・村上武利監修・著ほか
『絵でみる 光触媒ビジネスのしくみ』
(日本能率協会マネジメントセンター、2008年)

- 藤嶋昭・かこさとしほか共著
『太陽と光しょくばいものがたり』(偕成社、2010年)

- 橋本和仁・藤嶋昭監修
『図解 光触媒のすべて』(オーム社、2012年)

- 藤嶋昭著
『光触媒が未来をつくる——環境・エネルギーをクリーンに』(岩波書店、2012年)

INDEX

영문

ㄱ

ㅈ

ㅊ

ㅋ

ㅌ

Fujishima 박사의

광촉매의 모든 것

초판1쇄발행 | 2020년 1월 23일
초판3쇄발행 | 2024년 8월 8일

역 자 | 김종호 · 최병철 · 김건중
발 행 인 | 이성범
발 행 처 | 문운당
주 소 | 서울시 종로구 혜화로5길 16 (명륜1가 45-3)
전 화 | (02)762-6010
팩 스 | 영업 (02)745-0265 / 편집 (02)762-8758
이 메 일 | 영업 munun2@daum.net
편집 munundang@naver.com
홈페이지 | http://munundang.co.kr

ISBN 979-11-5692-446-3 93550

정가 19,000원